KB063787

내 아이를 있는 그대로 보는 연습

일러두기

- 학자, 단체 등의 영문명은 최초 한 차례 병기하였다.
- 연령은 모두 '만 나이'를 기준으로 하며 본문에는 만 자를 표기하지 않았다.
- 인명은 국립국어원 외래어 표기법을 따르고 일부(22쪽 Anna Jean Ayres)는 발음대로 표기하였다.

육아의 정답은 부모의 시선에 있다

내 아이를
있는 그대로
보는 연습

조미란 지음

봄름

프롤로그

지금 무엇을 보며 아이를 키우고 있나요?

벚꽃 봉오리가 발갛게 맺힌 3월, 연이와 은이는 50초 차이로 태어난 딸 쌍둥이입니다. 두 아이는 눈매, 콧방울, 입술 모두 다르게 생겼습니다. 울고 웃을 때도, 자고 일어나는 때도 달랐지요. 서로 다른 두 딸을 누구 하나 모자람 없이 잘 키우고 싶었어요. 그 마음 하나로 수많은 강연과 수백 권의 책을 섭렵했지요. 그런데 전문가마다 아이의 말과 행동을 해석하는 방향은 물론 양육자를 향한 조언이 조금씩 달랐어요. 일단 남들이 좋다는 방법으로 아이를 키우려 닥치는 대로 노력했는데, 두 딸은 남들이 좋다는 대로 자라지 않더군요. '전문가가 맞는 걸까, 내 경험이 맞는 걸까?' 매일 갈팡질팡 혼란스러웠습니다.

'누구를 닮아 저럴까' 하며 한숨을 내뱉다 문득 '내 아이는 대체 왜 그럴까?'라는 근본적인 질문에 꽂혔습니다. 외부로 향해 있던 저의 시선이 내 아이를 향하기 시작한 순간이지요. 두 아이와 6년을 함께하며 다양한 양육 지식을 쌓고 엄마로서의 나를 관찰하며 한 가지 정답을 깨달았습니다. 바로, '내 아이'를 중심에 두고 양육 지식을 선별하여 적용해야 하며, 이 또한 아이가 자라는 동안 적극적으로 수정하여 발전시켜야 한다는 점입니다.

아동 발달을 연구하는 학자들도 저마다 다른 관점으로 아동을 바라봅니다. 그들이 주장하는 이론과 방법이 미묘하게 다르게 느껴지는 것도 이 때문이지요. 무엇보다 TV에 나오는 육아 전문가는 내 아이를 모릅니다. 육아 고수들이 키우는 아이와 내 아이는 기질부터 다릅니다. 수십 수백 권의 육아책을 읽어도 정작 내 아이의 마음 하나를 읽지 못하는 이유는 부모의 시선이 내 아이가 아닌 다른 곳을 향해 있기 때문입니다. 그러므로 우리는 전문가들이 주장하는 내용을 맹목적으로 수용하지 말고, 이론을 연구한 시대적 배경, 사례 속 아이의 기질과 가정환경, 우리 가족이 처한 가정의 특수성을 고려하여 적절한 양육 지식을 선택하는 지혜를 발휘해야 합니다.

《내 아이를 있는 그대로 보는 연습》은 넘쳐나는 육아 정보 속에서 '내 아이'를 중심에 두고 맞춤형 육아법을 찾아나가는 평범한 엄마의 이야기입니다. 이 책 속에 나오는 '내 아이에게 딱 맞는 육아법'은 말 그대로 제 아이 맞춤형입니다. 다시 말해 다른 아이에겐 통하지 않을 수도 있다는 뜻이지요. 그런데도 이 책을 쓴 이유는, 육아 전문가가 아닌 평범한 엄마 입장에서 내 아이에게 딱 맞는 육아법을 '찾는 방법'을 공유하고 싶어서입니다. '내 아이를 잘 키우려면 내 아이를 봐야 한다'는 말은 너무나 당연해서 '내 아이를 다 알고 있다'고 착각하기 쉽습니다. 비교의 늪에서 빠져나와 내 아이를 어른의 편견대로 낮추지 않고 세상의 기준에 맞추지 않으며, 있는 그대로 보는 연습을 시작해보세요.

1장 〈아이의 행동을 들여다보다〉에서는 2~5세 아이가 자주 하는 말과 행동을 발달심리학에 근거하여 해석하고, 제가 아이의 마음 신호를 알아채는 과정을 세세히 보여줍니다. 2장 〈부모의 언어를 배우다〉에서는 양육자가 아이에게 자주 하는 말과 행동을 통해 양육자의 내면 아이를 들여다보고, 부모와 아이 모두 상처 받지 않는 공감 대화법을 소개합니다. 3장 〈가정의 문화를 세우다〉에서는 2~5세 유아 교육 문제를 주제별로 다룹니다. 양육자의 기대와 주변의 간섭이 뒤섞여 양육자들을 가장 혼란스럽게 하는 문제죠. 제가 16년 차 초등 교사로서 알고 있던 교육학 지식과 7년 차 엄마로서 접하는 정보 사이에서 찾은 접점과 그 실천 과정을 세세하게 나눕니다. 4장 〈엄마의 몸과 마음을 돌보다〉에서는 주 양육자인 엄마의 일상을 보다 편안하게 만드는 저만의 방법을 공유합니다. 연이와 은이는 3세까지 가정 보육을 하였으며, 4세에 어린이집을 다니기 시작하였습니다. 또한 아이들의 아빠는 직업 특성상 아이들과 함께하는 시간이 적었기에, 아빠의 이야기가 책에는 거의 등장하지 않음을 감안해주세요.

당장 겉으로 드러나는 양육의 결과를 내세우는 것은 저의 가치관과 맞지 않습니다. 아이가 피워내는 꽃은 전적으로 아이의 몫이라고 생각하기 때문이지요. 결국 제가 무언가 깨닫고 변화했다면 그것만으로 양육의 목표를 달성했다고 생각합니다. 그런데도 각 글의 말미에 현재 나타나는 결과를 적은 이유는 이 글을 읽고 계신 여러분도 자신만의 육아를 펼쳐도 괜찮다고 말해주고 싶어서입니다.

육아의 정답은 아이를 바라보는 부모의 시선에 있습니다. 내 아이에게 딱 맞는 육아법을 선별하는 안목을 기르려면 바깥으로 향해 있는 시선을 돌려 내 아이를 제대로 봐야 합니다. 그래야 내 아이와 나를 객관적으로 관찰할 수 있고, 아이가 무엇을 느끼고 생각하고 바라는지 편견 없이 보입니다. 또한 제가 엄마로서 아이에게 주고 싶은 것과 제 아이가 엄마에게 바라는 것 사이의 균형을 찾을 수 있습니다. 이 책을 통해 전문가의 조언, 선배 양육자들의 경험담보다 중요한 건 '내 아이'라는 것을 기억하고, 타인에게로 향하는 시선을 양육자 자신과 내 아이에게로 돌리는 시간을 가지면 좋겠습니다. 제가 만들어온 길이 2~5세 자녀를 키우는 분들께 도움이 되길 바랍니다.

2023년 1월,

조미란

차례

3장
가정의 문화를 세우다

4장
엄마의 몸과 마음을 돌보다

1장

아이의 행동을 들여다보다

나의 두 딸, 연이와 은이는 50초 차이로 태어난 쌍둥이다. 내 배 속에서 함께 자라 같은 날 8시 50분에 태어났지만 두 아이는 태어난 순간부터 달랐다. 쌍둥이 두 딸의 서로 다른 성장 속도에 '내가 육아를 잘못하고 있는 건 아닌가' 괜한 걱정이 들었다. 불안을 다스리고 싶어서 영유아 발달 책을 여러 권 주문했다. 불안할 때마다 침대 위, 화장실 문 앞, 식탁 위, 자동차 조수석 곳곳에 놔둔 영유아 발달 책을 펼쳐 읽었다. 기어 다니기 시작하는 아이와 엎드려 끙끙대는 아이를 동시에 바라보며 '각자의 속도로 잘 자라는구나' 하며 흐뭇해하기까지는 '0세 영아 발달 지식'을 체득해야 했다.

아이들이 걷고 뛰고 말하기 시작하자 또 다른 세상이 펼쳐졌다. 발달 책에서 흔히들 언급하는 '내가 누구다'라는 자아가 생기기 시작한 것이다. 막무가내로 생떼를 부리는 것처럼 보이는 아이의 행동을 어떻게 해석해야 할지 헷갈렸다. 또다시 불안은 나를 열정적인 엄마로 만들었다. '모르니까 어려운 거다, 알면 된다'를 되뇌며 어른의 상식으로는 감당되지 않는 아이를 양육자의 상식으로 이해하기 위해 육아책을 밑줄 그으며 읽고, 유아발달심리학을 시험 준비하듯 공부했다. 그런데 하나의 문제에도 상황과 관점에 따라 전문가들이 제시하는 해결 방법이 여러 가지였다. 애초에 모든 아이에게 딱 들어맞는 마법 같은 양육 비법은 존재하지 않았다. 같은 양육자와 아이라 하더라도 어제 성공적으로 적용된 방법이 오늘 다시 적용될지는 미지수였다. 아이와 나는 어제와 다른 오늘의 기분과 상황에 처하기 때문이다.

나는 유아발달심리학을 지금 내 아이의 행동을 이해하는 도구로 활용했다. 부분적인 양육 정보로 내 아이를 섣부르게 판단하지 않고, 다양한 양육 이론 속에서 내 아이를 이해하는 데 필요한 것을 선별한 다음, 나와 내 아이에게 맞게 적용하였다. 그러자 이해할 수 없었던 내 아이의 행동이 내 아이의 관점에서 보이기 시작했다. 말 배우는 어린아이의 옹알이를 바른말로 읽어내듯, 서툴러 보이는 내 아이의 행동을 내 아이의 올바른 언어로 읽기 시작한 거다. 해석에 해석을 거듭하다 보니 어느새 내 아이 맞춤형 이해가 저절로 되는 때도 많아졌다. 게다가 '성향이 다른 두 딸' 덕분인지, '두 딸과 잘 지내기 위해 펼친 육아책' 덕분인지, 육아를 공부할수록 책에서 단편적으로 소개된 양육 이론을 나와 내 아이에 맞추어 더 깊게 이해할 수 있었다.

이번 장에서는 쌍둥이 두 딸이 2~5세에 자주 했던 말과 행동을 짚어보고, 그 뜻을 해석하기 위해 내가 응용한 유아발달 심리이론을 소개한다. 그리고 전문가들의 조언을 내 아이의 발달 과정에 맞게 적용하기 위해 내가 활용한 구체적인 방법을 적었다. 이해하기 어려운 아이의 행동은 배우면 다시 보인다. 심 봉사가 눈 뜨듯 극적이지는 않지만, 아이의 변덕스러운 행동이 귀엽게 보일 때가 분명히 온다. 내 아이를 제대로 바라볼 수 있도록 유아발달심리학을 내 아이의 말과 행동을 이해하는 열쇠로 활용해보자. 전문가의 양육 지식을 나와 내 아이에게 맞게 적용하여 해석하는 횟수가 늘어날수록 같은 상황을 다르게 해석하는 힘이 생길 것이다. 덤으로 '내가 잘하고 있는 건가, 내 아이가 잘 자라고 있는 건가'라는 양육에 대한 막연한 두려움도 사그라들 것이다.

내 거야, 내 거라고

쌍둥이 두 딸은 끄떡하면 소유권 분쟁을 일으켰다. 내가 이거 입을래, 내가 먼저 골랐어, 내가 먼저 읽을래, 내가 먼저 집었어, 내가 먼저 쓸 거야, 내가 먼저 왔다고! 옷, 신발, 머리 끈, 책, 색종이 같은 아이들의 물건부터 부엌의 냄비, 채반, 엄마의 옷과 결혼반지에 이르기까지 손이 닿는 물건이라면 죄다 '누구의 것'인지 논하고 '누가 먼저'인지 언쟁했다. 아이들 사이에 소유권 다툼만 없었다면 쌍둥이 육아가 훨씬 수월했을지도 모른다.

아이들이 세 살이 되자 상황은 조금 달라졌다. 아이들은 똑같이 생긴 두 물건의 미세한 차이를 보고 "이건 내 거, 이건 네 거"라며 물건을 구별하기 시작했다. 그리고 도저히 구별할 수 없는 물건은 이름을 쓰거나 자기만의 스티커를 붙였다. 남편은 각자의 물건을 깐깐하게 나누는 아이들을 보고 "그냥 같이 쓰게 하자. 나눠 쓰는 것도 배워야지"라고 했지만 난 그 말에 전적으로 동의하기가 어려웠다. 함께 사용하는 '나눔의 미학'도 좋지만 자기의 것을 존중받는 '소유의 인정'도 중요하지 않을까? 나의 고민이 시작됐다.

소유의 인정이냐, 나눔의 미학이냐

심리학자 피아제Jean Piaget는 "아동의 도덕성은 인지발달과 함께 발달한다"며 "태어나서부터 4세까지의 유아는 인지발달이 다 이루어지지 않아 규칙을 이해하거나 도덕적으로 생각하고 행동하기가 어렵다"라고 '전도덕성 단계'를 설명했다. 쌍둥이 두 딸이 하나의 물건을 두고 서로 자기 것이라며 따졌던 것은 아이가 못되거나 나빠서가 아니라, 아직 인지발달이 다 이루어지지 않아서 자연스럽게 나오는 행동이었다. 이 시기에 양육자는 아이가 세상에 대한 신뢰를 바탕으로 자유로운 탐색 활동을 편안하게 이어나갈 환경을 만들어주어야 한다. 세상에나. 심리학자들의 견해에 따르자면 내가 아직 어린아이들이 편안하게 놀 수 있도록 양보를 강요하지 않고, '쓰레기도 두 개여야 한다'며 똑같은 물건을 두 개씩 준비해준 것이 잘한 행동이었던 셈이다!

또한 심리사회적 발달이론을 주장한 심리학자 에릭슨Erik Homburger Erikson에 따르면 "아이들이 4세 이상이 되면 주도성이 발달하면서 자기 물건에 대한 애착이 심해진다"고 한다. 이 말은 우리 집에도 딱 맞아떨어졌다. 이전에는 단순히 하나의 물건을 두고 서로 가지고 놀겠다고 다투는 모습이었다면, 세 살부터는 "이건 내 거고, 이건 네 거다"라며 구별하는 모습을 보이기 시작했다. 쌍둥이라는 환경적 요인으로 인해 아이들의 소유권 구분이 에릭슨의 이론보다 조금 더 이른 시기에 이루어진 듯하다. 이처럼 아이들이 깐깐하게 자기 물건을 챙기는 행동은 아이의 사고력과 사회성이 발달하고 있다는 증거였다. 두 딸의 모든 행동은 도덕적으로 성숙하지 못해서가 아니라 아이의 발달에 따른 자연스러운 과정이었다. 이때 나는 '네가 잘했네, 네가 나쁘네'라고 아이들을 판단하지 않고, '이런 상황에서는 어떻게 하면 좋을까?' 하며 소유권 분쟁을 해결하고 싶었다. 아이들이 갈등 상황에서 올바른 판단을 하고 성숙하게 행동하는 힘을 기를 수 있는 연습 시간을 주기로 했다.

나만의 정답을 심리학자 콜버그Lawrence Kohlberg의 도덕성 발달 단계에서 찾아보기로 했다. 콜버그는 도덕성이 발달하는 단계를 6단계로 나눈다. 1단계에서 상위 단계로 올라갈수록 성숙한 도덕성이다. 먼저 1단계는 벌과 복종에 의해 행동하는 단계다. "이걸 지키지 않으면 벌금을 받을 거야, 거짓말을 하면 부모님께 혼나" 같은 동기가 1단계에 해당한다. 나도 어릴 때는 주로 이렇게 훈육을 받았다. 어린 시절 들었던 "말 안 들으면 쫓아낸다, 지금 뚝 그치지 않으면 더 혼낸다" 같은 말들이 아직도 내 머릿속에 남아 있다. 어릴 때 두려움에 근거한 훈육을 받은 적이 종종 있었기에, 내가 엄마가 되어서는 그러지 않으려 애썼지만 나도 모르게 이 방법을 사용할 때가 많았다. "혼낸다!"라고 말만 하지 않을 뿐 눈빛과 표정으로 으름장을 놓는 식이다.

2단계는 개인의 욕구나 다른 사람의 필요를 채워주는 행동이 옳다고 스스로 생각하는 단계다. 나는 두 딸이 가족이나 친구, 선생님과 관계를 주로 맺고 있기에 도덕성 발달 목표를 2단계에 두었다. 3단계 이상의 도덕성 발달 단계는 사회 질서 유지를 위한 법이나 인류애와 관련 있어 취학 전의 아이들이 받아들이기에는 그 범위가 너무 넓어 보였다. 나는 아이가 '내 거 나눠서 쓰지 않으면 혼나. 엄마가 슬퍼'라고 생각하고 억지로 자기 장난감을 나누는 것이 아니라, '내가 이 장난감으로 놀 때 재밌었는데, 친구도 이거 가지고 놀면 재밌을 거야'라고 생각해서, 친구에게 "우리 이거 같이 가지고 놀래?"라고 스스로 말하기를 원했다. 그러려면 먼저 자기 것을 존중받는 경험이 필요했다. 친구에게 양보하기 전에 소유에 대한 내 아이의 욕구가 충족되어야 했다.

여러 가지 이론을 종합해본 결과, 나의 답은 하나였다. 나눔 이전에 소유를 인정해주어라! 자기 것을 인정받은 아이가 다른 이의 것도 존중해줄 수 있다. 물론 아이들에게 배려나 나눔의 가치도 알려주어야 한다. 사람은 혼자 살 수 없고, 모든 것을 다 가질 수도 없다. 하지만 배려나 나눔 이전에 자기 소유가 명확해야 한다. 당장 손안에 든 과자가 한 개밖에 없고 딱딱해서 쪼개기도 어려운데, 배고픔을 참고 다른 아이에게 기꺼이 양보할 아이가 어디 있겠는가. 당장 파란색 색연필로 색칠하려는데, 다른 아이가 달라는 말에 자기 그림을 뒤로 미룬 채 파란색 색연필을 건넬 아이가 어디 있겠는가. 당연히 한두 번은 나눌 수 있다. 하지만 타인에게 양보하는 법만 배운 아이는 내 것을 제대로 챙기는 법을 배우지 못하고, 착한 아이가 되어야 한다는 생각에 자신의 진짜 욕구를 외면하며 자랄 수 있다.

'소유의 인정'이 '나눔의 미학'보다 먼저인 이유는 또 있다. 유아는 '나눔의 기쁨'이란 추상적인 가치를 이해하기 어렵다. 당장 본인은 속상한데, 다른 아이가 웃는 것을 보면 덩달아 기쁘다? 이건 어른도 도달하기 힘든 경지다.

이제는 발전한 '내 거, 네 거'

세 살 두 딸의 소유권을 인정해주기 위해 거실을 다시 정리했다. 먼저 아이들의 영역을 구분 지었다. 거실 양쪽으로 마주 보고 서 있는 두 책장의 여섯 칸을 모두 비웠다. 눈을 둥그렇게 뜨고 쳐다보는 아이들에게 "연아, 은아. 여기 왼쪽은 연이 책장, 오른쪽은 은이 책장이야. 연이랑 은이 물건을 여기에 각자 넣어두면 돼"라고 말했다. 아이들은 환호성을 지르며 거실 여기저기에 흩어져 있던 자기 물건을 자기 책장에 꽂았다. "어, 이거 네 거야"라고 웃으며 서로의 물건을 챙겨주는 훈훈한 풍경도 연출됐다.

다음으로 1년을 고민하며 구입을 미뤘던 유아용 책상을 들였다. 왼쪽에는 연이 책상, 오른쪽에는 은이 책상을 놓아주니 아이들이 "엄마, 정말 고마워" 하며 뽀뽀도 해주었다. 내친김에 작은 3단 수납함도 두 개 마련하여 종이컵, 점토 등 문구류를 보관했다. 이렇게 거실 한쪽을 연이와 은이의 두 영역으로 구분 지으니 나도 물건 정리하기가 훨씬 수월했다. 아이들도 각자 자리가 정해지니 자기 물건에 책임감을 느끼고 편안한 마음으로 정리를 도왔다.

다음으로 공용 물건에 대한 규칙을 세웠다. 책, 보드게임 같이 함께 사용하는 물건은 구입하기 전에 "이거 사려고 하는데, 하나만 살 거야. 우리 가족 모두 같이 사용해야 해"라고 안내했다. 아이들이 순서를 정해서 잘 사용하겠다고 하면 구매 버튼을 눌렀고, 아이들이 각자 갖고 싶다고 하면 아무리 좋아 보여도 단호하게 구입하지 않았다. 이미 있는 물건을 서로 먼저 사용하겠다고 다투면 "물건은 하난데 두 사람이 먼저 사용하겠다고 하네. 어떻게 하면 좋을지 생각해보자. 그 전에는 사용할 수 없어" 하며 물건을 눈에 보이지 않는 곳으로 옮겼다. 이런 경험이 반복되자 아이들은 부모의 도움 없이도 자기들끼리 순서를 정해서 공용 물건을 사용하고, 약속대로 먼저 쓴 아이가 다 사용한 후 자기 차례를 기다리는 아이에게 물건을 건네주기도 했다.

마지막으로 서로의 물건을 사용하고 싶을 때는 "이거 좀 만져도 돼?"라고 허락을 받도록 했다. 아이들은 둘 다 기분이 좋을 때는 서로 빌려주며 화기애애했지만, 피곤하거나 감정이 상했을 때는 안 된다며 거절했다. 그러면 거절당한 아이는 속상하다고 울거나 토라졌는데 그럴 때는 내가 다가가 아이의 마음을 달래주거나 다른 활동으로 함께 시간을 보냈다. 어느 정도 시간이 흐르고 나면 두 아이는 언제 그랬냐는 듯 다시 사이좋게 놀았다. 시간이 흘러 다섯 살이 되니 요즘은 시키지 않아도 서로 "내가 미안했어. 아까는…" 하며 다시 대화를 이어가기도 한다.

가장 중요한 규칙은 바로 양육자인 나부터 이 모든 규칙을 지키는 것이다. 아이들이 서로의 소유권을 존중하는 방법을 배우도록 나부터 아이들의 소유권을 지켜주기 위해 많은 노력을 기울였다. 아이들의 물건을 정리할 때도 귀찮다고 아무 곳에나 놓지 않았다. 연이의 물건은 연이 자리에, 은이의 물건은 은이 자리에 구별하여 정리했다. 누구의 물건인지 헷갈릴 때는 아이들에게 물어보고 정리했다. 아이의 물건을 사용할 때도 철저하게 허락받았다. 함께 그림을 그리다가 색연필이 필요하면 "엄마가 네 색연필 써도 돼?"라고 물었고, 안 된다고 거절하면 사용하지 않았다. 그럼 엄마가 색연필이 없어서 그림을 못 그리고 있는 모습을 보고 다른 아이가 빌려주겠다며 색연필을 가져오기도 했다.

물론 부작용도 있었다. 아이들이 자기 물건을 너무 소중하게 생각한 나머지 쓰지 않는 물건도 버리지 못하게 했다. 오랫동안 안 쓰는 물건을 아이들 몰래 정리했다가 아이에게 들킨 적도 있다. 그럴 때면 우리 집만의 특별한 요정의 도움을 받았다. 바로 '청소 요정'이다. 청소 요정은 영어 그림책에 자주 등장하는 이의 요정The tooth fairy에서 내가 착안했다. 이의 요정은 베개 밑에 빠진 이를 두고 자면 헌 이와 동전을 바꾸어간다. 이와 비슷하게 청소 요정은 거실을 정리하지 않고 그냥 자면 아무 데나 내버려둔 물건을 가져가고 거실을 깨끗하게 만들어준다. 다만 청소 요정은 어떤 물건이 아이들에게 소중한지 정확하게 알지 못하고 실수할 때가 있으니 잠자기 전에 자기 물건을 스스로 정리하고 자는 게 좋다고 아이들에게 설명했다. 이렇게 우리 집만의 청소 요정을 필요할 때마다 소환하니 아이들도 자기 물건을 정리하는 습관을 기를 수 있었다.

자기 것을 존중받고 지켜본 아이가 다른 이의 물건을 존중하고 지켜줄 수 있다. 내 것이 소중하듯 너의 것도 소중하다는 명제를 받아들이자. 부모로부터 자기 것을 보호받은 아이는 결핍 없는 마음으로 부모의 조언을 받아들일 수 있다. '나누면 배가 된다'는 고차원적인 이야기는 그때 해도 충분하다. '존중의 가치'를 경험한 아이들이 '나눔의 배려'를 몸으로 실천하는 어른으로 자랄 것이다.

" 머리 감기 싫어 "

욕실로 들어가 샤워기를 틀었다. 차가운 물줄기가 따뜻하게 데워지길 기다리며 아이들을 불렀다. "얘들아, 씻을 시간이야~" 거실에서 놀고 있는 아이들은 묵묵부답이었다. 손가락 끝으로 물 온도를 확인하고, 거실로 나가 두 아이를 욕실로 데려왔다. 아이들은 물먹은 솜처럼 세면대 앞에 한참을 서 있었다. 내가 옷 벗기를 도와주려 하자 그 손길이 귀찮다며 투덜거렸다. 대체 뭘 어쩌라는 걸까. "자, 얼른 씻고 나가자." 따뜻한 물로 은이의 머리카락에 물을 뿌리며 말했다. "싫어, 머리 안 감을래!" 세면대를 잡고 서 있던 은이가 고함을 질렀다. 곧이어 터진 은이의 울음이 좁은 욕실을 꽉 메웠다. "시끄러워! 깜짝 놀랐잖아!" 곁에 서서 세면대에 물을 받아 참방거리고 놀던 연이가 일그러진 표정으로 소리쳤다. 조금만 더 있다간 머리 감기 싫다는 은이, 더 놀고 싶은데 시끄럽다는 연이, 빨리 씻고 나가자는 나의 고함소리가 욕실 밖으로 터져 나올 게 뻔했다. “그래그래, 알았어. 빨리 씻자.” 바쁜 손놀림으로 두 아이의 몸을 후다닥 헹궈 마무리했다.

그날 밤, 잠든 아이들 곁에 누워서 하루를 되짚었다. 황급하게 서둘러 아이를 씻겼던 시간이 찜찜하게 떠올랐다. 은이는 왜 머리 감기가 싫었을까? 연이는 왜 욕실에서 얼굴을 찌푸렸을까?

아이의 예민한 감각 다루기

미국의 작업치료사 에어즈Anna Jean Ayres 박사는 “시각, 후각, 촉각, 미각, 청각 등의 감각을 상황에 맞게 잘 처리하여 사용하는 것을 감각통합이다”라고 했다. 7세 이전까지는 여러 감각을 활용하여 균형 있게 활동할 수 있도록 감각을 처리하는 기능이 발달한다. 만약 아이가 특정 감각이 예민하다면 일상생활 자극을 과하게 받아들여 불편을 겪을 수 있다. 은이는 촉각이 예민한 아이라서 비누 거품의 보글거리는 느낌을 과한 자극으로 받아들이고, 얼굴로 떨어지는 물방울에 어쩔 줄 몰라 한다. 행여나 비눗물이 눈이나 코, 입으로 들어갈까 봐 무서워한다. 또한 연이는 청각이 예민한 아이라서 예측하기 어려운 고함소리나 화난 목소리에 잘 놀란다. 가뜩이나 큰 소리를 무서워하는 아이인데 좁은 욕실에서 터져 나오는 시끄러운 소리는 연이가 적절히 처리하기에 버거운 자극이다.

양육자는 아이가 감각 처리에 약간의 어려움을 겪고 있으면 적절한 도움을 줘야 한다. (일상생활을 유지하기 어려울 정도라면 전문 치료사를 만나보는 것이 좋다.) 촉각이 예민한 은이에게는 색깔이 들어간 비누 거품, 미끌미끌한 미역, 까끌까끌한 사포 같은 다양한 감촉의 물건을 만져보도록 하고, 청각이 예민한 연이에게는 시끄러운 소리에는 귀를 막거나, 직접 청소기를 돌리며 큰 소리를 통제하는 경험을 제공하는 것이다. 그럼 아이들은 예민한 감각을 회피하지 않고 적절히 조절하여 받아들이는 경험을 통해 자기 불안을 다스리는 법을 배운다. 힘든 상황을 이겨낸 용기로 또 다른 어려운 일 앞에서도 주눅 들지 않고 해결해보려는 의지도 함양할 수 있다.

단, 주의할 점이 있다. 양육자가 과민한 감각에 힘들어하는 아이를 비난하거나 지나치게 걱정하는 태도를 보여서는 안 된다. 내가 먼저 "이깟 비누 거품이 뭐가 무서워! 시끄럽다는 네 소리가 더 시끄러워!"라고 반박하거나, '얘들이 성격에 문제가 있어서 이러는 건 아닐까?'라며 수심에 잠겨서는 안 된다는 뜻이다.

감각이 예민한 아이 목욕시키기

촉감이 예민해 얼굴에 물 묻는 것이 무섭고, 비누 거품 자극이 부담스러운 은이는 어떻게 머리를 감으면 좋을까? 먼저 은이가 머리를 감는 시간을 예측할 수 있도록 숫자를 세기로 했다. 머리의 비누 거품을 헹구는 동안 1부터 10까지 천천히 세는 방법이다. 은이는 머리를 감을 때마다 언제 끝나느냐고 물었는데, 미리 "10까지 다 세고 나면 끝난다"라고 말해주면 아이가 두려움을 조절하고 견뎌낼 수 있을 것 같았다. 다음으로 목욕할 때 좋아하는 장난감도 함께 씻겨주기로 했다. 아이 스스로 비누 거품을 내어 장난감을 씻겨주며 거품의 보글보글한 느낌에 익숙해질 수 있도록 돕는 것이다. 한편 청각이 예민한 연이를 위해서는 목욕 시간을 한 시간 앞당겨 혼자만의 물놀이 시간을 갖도록 했다. 저녁을 먹은 후 6시 30분 즈음에 연이가 먼저 혼자 욕실로 들어가 놀다가 "엄마, 다 놀았어~"라고 말하면 그때 들어가 목욕을 마무리해준다. 연이는 "얼른 씻자"며 재촉하는 엄마 없이 충분히 놀 수 있고, 겁에 질린 은이의 고함도 듣지 않아 좋다.

고민 끝에 만들어낸 우리만의 목욕 방법은 대성공이었다. 은이는 눈을 질끈 감고 열을 세며, 비누 거품과 물이 어서 뒤섞여 내려오기를 기다렸다. 내가 잽싸게 손을 놀려 비눗물을 다 헹군 뒤 "다 됐다~ 반짝반짝 깨끗해졌네~"라고 한마디를 덧붙여주면 은이는 자랑스럽게 고개를 끄덕였다. 연이도 좋아하는 인형을 들고 가서 머리도 감겨주고 옷도 빨아주며 재미나게 놀았다. 조용한 욕실에서 콧노래를 흥얼거리며 종알종알 수다를 떨었다. 그 모습이 재밌어 보였는지 은이도 함께 놀겠다며 세면대 앞에 나란히 서 있기도 했다. 날이 좋을 때는 욕조에 물을 받아 물놀이를 했는데, 연이는 거품을 싫어하는 은이를 배려해서 은이가 욕조에서 나간 뒤에 거품을 만들어 놀았다.

목욕에 놀이가 더해지니 나도 목욕 시간이 훨씬 수월했다. "목욕하자~ 인형 데리고 와"라고 말하면 아이들은 그림을 그리다가도 일어나 장난감 방으로 향했다. 아이들이 나중에 씻겠다고 말하는 날이면 "나중에 씻으면 엄마도 피곤하고 너무 늦어져서 인형은 못 씻겨 줘"라고 상황을 설명해주었다. '지금 씻으면 인형이랑 놀 수 있다'와 '나중에 씻으면 인형이랑 놀지 못한다'의 선택지에서 아이들은 원하는 바를 골랐고, 자신이 선택했기에 큰 불만 없이 따라주었다.

다섯 살 끝자락인 두 딸은 요즘 혼자 목욕하는 재미에 푹 빠졌다. "엄마, 내가 혼자 목욕할 거야"라며 머리에 비누 거품을 내고, 떨어지는 샤워기 물줄기에 머리카락을 스스로 헹군다. 머리 안 감을 거라며 속 태우던 모습이 눈에 선한데, 어느 순간 훌쩍 자라 혼자 씩씩하게 머리를 감는다. 물론 은이는 여전히 거품 놀이를 좋아하지 않는다. 거품이 다리를 타고 흘러내리면 간지럽다며 얼른 헹궈낸다. 그 옆에서 연이는 온몸에 거품을 묻히고 춤을 춘다.

아이들은 서로 다르게 자란다. 타고난 감각이 자극에 반응하는 방식도 모두 다르다. 내 아이가 유독 예민하다면 '별스럽다'고 생각할 수 있다. 하지만 '그만큼 자극을 느끼는 범위가 넓기에 다양하게 시도해볼 놀이가 많다'고 바꾸어 생각해보자. 낯선 자극이 두려운 아이의 마음에 공감하고, 이를 다르게 접근할 방법을 생각해내어 실천하다 보면 아이는 섬세한 감각을 긍정적인 방향으로 발휘할 것이다.

“시금치 먹기 싫어”

“어머님, 연이가 밥만 먹었어요. 가정에서 식습관은 어떤가요?” 하원 시각에 맞춰 아이를 데리러 가니 선생님께서 걱정스러운 표정으로 말씀하셨다. 나는 선생님께 “골고루 먹는 습관이 중요하긴 한데, 아이가 좀 어려워할 때는 기다려주기도 해요. 아이가 싫어하면 굳이 다 먹이지 않으셔도 됩니다”라고 부탁드렸다. 그날 이후로 연이는 집에서도 식사 시간마다 “나 밥은 잘 먹잖아”라며 눈물이 그렁그렁한 채로 날을 세웠다. 새로운 음식에 대한 거부감이 조금 덜한 은이는 “유치원 반찬 맛없어. 근데 한 번이라도 맛은 봐야 한대. 엄마, 집에선 안 그래도 되지?”라고 물었다. 급기야 두 아이는 이구동성으로 외치기 시작했다. “어린이집 안 갈래, 밥 먹기 싫어!”

어린이집에 다니기 시작하면서 아이들의 편식 때문에 어려움이 있을 줄 알았지만 아이들이 이 정도로 스트레스받을 줄은 예상하지 못했다. 알림장에 '하원 할 때 식습관 피드백 안 해주셔도 됩니다. 가정에서도 노력하겠습니다'라고 적어 보냈다. 다행히 선생님도 상황을 이해해주신 덕분에 아이가 너무 먹지 않아서 배고플 것 같은 날에만 살짝 귀띔해주셨다.

이후로도 1년이 넘도록 연이는 어린이집 식단에 적응하기 힘들어했다. 비빔밥이 나온 날은 과일만 먹었고, 오징어무국은 입에도 대지 않았다. 음식 취향이 확고한 연이는 싫어하는 음식을 억지로 먹기를 거부했지만, 한편으로는 어린이집 식사 시간에 밥과 반찬을 골고루 잘 먹어서 칭찬받는 아이들이 부럽다며 속상해했다. 은이는 선생님의 칭찬을 받고 싶어서 조금이라도 맛보고 오는 눈치였다. 집에서도 "잘 먹네~"라는 칭찬 한 번이면 숟가락을 더 바삐 움직이는 은이의 성향이 어린이집에서도 나타났다.

내 아이가 푸드 네오포비아?

'푸드 네오포비아food neophobia'란 새로 접한 음식이 두려워서 거부하며 시작되는 편식을 말한다. 이유식을 시작하는 6개월에 나타나기 시작하여 5세까지 나타나는 현상이다. 푸드 네오포비아는 입맛이 까다로운 아이와는 조금 다른 특징을 가진다. 입맛이 까다로운 아이는 조리 방법을 바꾸거나 원하는 대로 요리를 해주면 먹는데, 푸드 네오포비아 아이들은 새로운 음식 자체에 두려움이 커서 아예 먹지 않는

다. 먹고 싶지만 먹기가 너무 힘들었던 연이는 푸드 네오포비아를 겪었고, 칭찬받고 싶어서 조금이라도 반찬을 먹는 은이는 입맛이 까다로운 아이였다. 더군다나 아이들 혀의 미뢰는 어른들의 것보다 3배나 많다고 한다. 미각을 느끼는 미뢰가 많을수록 맛의 감각을 더욱 강하게 느끼기 때문에 아이들은 채소의 쓴맛을 강하게 느끼고 거부하게 된다. 오이도 쓰다며 뱉어내는 연이에겐 그럴 만한 사정이 있었던 거다.

푸드 네오포비아 아이들을 위해서는 싫어하는 음식을 여러 가지 방법을 통해 노출하는 푸드 브리지food bridge가 필요하다. 당근을 싫어하는 아이라면 '당근을 조각내어 블록 쌓기, 도장 만들기' 같은 놀이로 당근과 친해지는 경험을 먼저 하고, 그다음으로 '당근의 형태가 사라진 당근케이크'를 맛보고, '당근을 잘게 자른 볶음밥'을 만들어 먹어본 뒤, '당근을 동그랗게 슬라이스하여 말린 당근칩'을 간식으로 먹는 방법이다. 푸드 브리지는 특정한 식재료에 대한 아이의 거부감을 점차 줄이는 데 효과가 있다고 알려져 있다.

우리 아이들에게도 푸드 브리지를 놓아봤다. 파프리카로 얼굴을 꾸미고, 직접 자른 파프리카로 볶음밥을 만들고, 내가 생 파프리카를 맛있게 먹는 모습도 보여주었다. 은이는 "내가 만든 볶음밥 맛있어" 하며 냠냠 먹었지만, 연이는 "웩, 안 먹어! 이상해" 하며 도망쳐버렸다. 파프리카뿐만이 아니었다. 당근, 시금치, 부추 등 아이들이 좋아하지 않는 식재료로 푸드 브리지를 시도했건만, 연이에게는 대부분 거부당하고 은이도 몇몇 요리 외에는 덩달아 도망쳐버렸다. 나중에는 다루어야 할 식재료가 너무 많아 푸드 브리지의 단계를 맞추어 진행하기가 버거웠다.

일주일에 한 번 함께 요리 시간을 가져보기도 했다. 결과는? 실패였다. 달걀을 깨고, 밀가루를 붓고, 채소를 썰어, 뒤집개로 뒤집고, 국자로 젓는 모든 과정을 함께했지만… 결국 난 잔소리쟁이가 되고, 아이들은 열심히 만든 음식이 맛없다며 투덜거렸다.

일주일 영양소만 챙기자

두 아이를 키우는 아빠이자 정신건강의학과 전문의인 정우열은 한 강연(세바시 1202회)에서 그가 직접 차린 아이들 식단 사진 몇 장을 보여줬다. 흰 밥 한 공기와 통조림 장조림, 흰 밥 한 공기와 조미김 한 봉지가 가지런히 놓여 있었다. 사진에 격하게 공감하며 한참을 웃다가 '저렇게 차려줘도 괜찮은 거였구나'라는 생각에 눈물이 맺혔다. 아이가 먹지 않는 것도 내 탓, 아이 몸무게가 평균보다 덜 나가는 것도 내 탓, 모든 것을 내 탓이라 여겼다. 양육자로서 당연히 아이의 건강과 영양을 챙겨야 하지만, 지나치게 자책하는 태도가 문제였다.

이후로 난 균형 잡힌 식단에 대한 짐을 내려놓았다. 대신 아이가 하루 동안 먹은 음식의 종류와 양을 따져보았다. 탄수화물 군, 단백질 군, 과일 및 채소 군으로 식재료를 분류하고, 하루 동안 골고루 챙겨 먹었는지 점검하였다. 부족하다고 느껴지는 부분은 간식으로 챙기거나, 다음 날 식사로 보충했다. 예를 들어 밥이나 빵으로 탄수화물 군을 챙기고, 아이가 잘 먹는 생선이나 두부, 불고기로 단백질 군을 보탰다. 변비에 걸리지 않도록 아이가 좋아하는 과일이나 콩나물과 오이로 과일 및 채소 군을 챙겼다. 그래도 뭔가 부족하다 싶으면, 밥에 현미와 보리양을 늘려 잡곡밥으로 영양을 챙겼다며 무리하지 않았다. 전날 단백질을 좀 덜 섭취했으면 어김없이 돈가스나 생선을 찾는 아이들을 보며 "자기 몸은 자기가 제일 잘 안다"라고 위로하기도 했다.

아이와 더불어 나의 정신 건강도 챙겼다. 채소는 샐러드 위주로 준비하여 조리 시간을 줄이고, 국도 냉장고 속 재료를 몽땅 넣어 일주일에 한 번 끓인 뒤 냉동실에 얼려 보관하여 먹었다. 오첩반상을 준비하려 애쓰지 않고 몸에 필요한 만큼만 요리했다. 직접 요리하기 힘들거나 귀찮을 때는 시판 반찬을 사 먹고, 직접 만들기 어려운 갈비탕 같은 음식은 레토르트 식품으로 대체했다.

무엇보다 아이가 즐거운 식사 경험을 가질 수 있도록 신경 썼다. "이건 왜 안 먹어? 골고루 먹어야 건강해지지"와 같은 비난 섞인 조언은 삼갔다. 아이가 조금이라도 잘 먹는 음식을 찾아 칭찬하고, 좋은 식습관을 격려하여 성취감을 느끼도록 도왔다. 토끼 똥을 누며 끙끙대는 아이 옆에서 "콩나물 같은 채소랑 사과 같은 과일을 더 먹으면 바나나 똥이 부드럽게 쑤욱 나온대"라고 설명하여 아이 스스로 건강을 챙기도록 도왔다.

최근에는 연이가 식사 도중에 "나 오늘 어린이집에서 콩나물도 먹었다!"라며 자랑했다. 은이도 "나는 오늘 매운 김치도 먹었어! 진짜 맛있어~"라며 활짝 웃었다. 편식이 심한 아이는 식재료를 최소 15번 이상 노출해야 맛을 본다고 하는데, 2년 동안 어린이집 식단을 접하며 저절로 식재료 노출이 이루어졌나 보다. (어린이집 선생님들, 정말 감사합니다.)

전업주부는 전업주부대로, 워킹맘은 워킹맘대로 아이들의 식습관 문제를 고민한다. 이런저런 이유로 자신이 아이들에게 더 해주지 못하는 것들만 떠올리며 점점 작아지기 일쑤다. 하지만 감당할 수 있는 만큼 노력했다면, 그것으로 충분하다. 설사 그 노력이 나의 최선이 아닌 것처럼 보일지라도, 다른 부분에서 더 큰 노력을 하고 있음이 분명하다. 내가 해준 음식이 제일 맛있지 않아도 괜찮다. 내가 만든 음식으로 모든 영양소를 꽉꽉 챙겨주지 않아도 괜찮다. 아이들의 건강은 부담 없이 차린 음식을 즐겁게 먹으며 밀도 있게 잘 자랄 테니 말이다.

“여기서 응가 안 해”

두 딸은 18개월쯤에 대소변이 마려운 느낌을 스스로 조절하였고, 27개월에 변기에 앉아 소변을 누었고, 48개월에 변기에 앉아 대변을 보았다. 이로써 '어떻게 대소변을 해결할 것인가'의 문제는 더 이상 날 괴롭히지 않을 줄 알았다. 착각도 단단한 나만의 착각이었다. 앞에서도 언급했듯, 우리 집 딸들은 감각이 예민한 아이들이다. 공원에서 신나게 놀다가도 아이가 쉬 마렵다고 하면 쏜살같이 화장실로 데려갔지만, 촉각이 예민한 은이는 “엄마, 너무 더러워. 여기서 쉬 안 해. 집에 가서 할 거야” 하며 뒷걸음질 쳤다. 후각이 예민한 연이는 “엄마, 쉬 냄새~ 우욱~” 하고 코를 막으며 도망갔다. 기저귀만 떼면 꽃길이 펼쳐질 줄 알았는데, 외출만 하면 다시 기저귀를 채우고 싶은 충동을 느꼈다. 집을 나설 때마다 미리 화장실에 다녀오라고 했지만 당장 소변이 마렵지 않은 아이들을 설득하기가 쉽지 않았다. 급한 마음에 아이들을 재촉하다가 버럭 화를 내기도 했다.

어린이집에서도 문제가 생겼다. 선생님은 틈틈이 화장실을 다녀오라고 안내해주셨지만, 어린이집 화장실에 가서 용변을 보기 부끄러웠던 은이는 변기에 앉았다가 일어나기만 했다. 은이는 한동안 어린이집 화장실을 한 번도 이용하지 않았다. 반면 연이는 신나게 놀다가 화장실 가는 타이밍을 놓쳤다. 좋아하는 블록 놀이를 하다가 다리를 꼰 채 실수하거나, 놀이터에서 뛰어 놀다가 힘들어서 쪼그려 앉은 찰나에 바지가 축축해졌다. 많은 아이를 돌봐야 하는 선생님께도 죄송하고, 혹여나 다른 친구들이 놀리지는 않을지 걱정되었다.

배변 훈련, 관찰학습이 답이다

발달심리학자 반두라Albert Bandura는 "사람은 다른 사람의 행동을 관찰하며 학습한다"며 관찰학습을 주장했다. 아이에게 젓가락질을 가르쳐줄 때 "자, 여기 봐. 이렇게 손가락을 이용해서…" 하며 어른들이 젓가락을 사용하는 모습을 보여주는 것이 관찰학습이다. 이때 행동의 본보기가 되는 사람을 '모델'이라고 하는데, 모델이 매력적이거나 정서적으로 긴밀하면 더욱 강력한 학습 대상이 된다. 어린아이들이 자신을 보호해주는 양육자의 사소한 행동을 따라 하는 이유도 이 때문이다.

관찰학습은 대략 4단계로 일어난다. ① 아이가 모델의 행동을 주의 깊게 관찰하고 ② 이후 적절한 상황에서 관찰했던 행동을 기억해 내어 ③ 정확하게 실행으로 옮긴 후 ④ 잇따르는 피드백으로 "다음에도 해야지"와 같은 동기를 내재화한다. 물을 마신 뒤 "시워~언하다!"라고 말하는 할아버지의 모습을 기억한 아이는 물을 마신 뒤 "시워~언하다"라고 말한다. 그 모습을 본 주변 어른들이 "아이고 귀여워~ 어디서 배운 거야~" 하며 까르르 웃으면 아이는 화기애애한 분위기를 긍정적인 피드백으로 간주하고 다음에 물을 마실 때도 똑같이 행동하는데, 이 역시 관찰학습의 한 예이다.

아이들은 정서적으로 연결된 어른이나 또래 친구들을 통해 행동의 많은 부분을 배우므로 나는 배변 훈련에도 관찰학습을 적용하기로 했다. 우선 아침에 일어나면 아이들에게 들릴 정도의 목소리로 말했다. "아~ 밤새 배 속에 쉬가 가득 만들어졌네. 화장실 다녀와야지." 거실에 멍하니 앉아 있던 아이들은 엄마 목소리에 덩달아 일어나 "나도, 나도" 하고 화장실로 향했다. 어린이집에 등원하기 전에는 나의 경험을 이야기했다. "얘들아, 엄마가 어제 회사에 갔는데 할 일이 너무 많은 거야. 그래서 화장실을 안 가고 꾹 참았더니…." 여기까지만 이야기해도 아이들은 "엄마, 그럼 어떡해! 쉬 참지 말고 화장실에 가야지"라고 호들갑스럽게 말했다. 그러면 나는 아이들의 말을 받아 "그렇지? 엄마도 쉬 참지 말고 그때그때 가야겠어. 연이랑 은이도 어린이집에서 쉬하고 싶으면 참지 말고 그때그때 가자. 안 누고 싶어도 바깥 놀이 나가기 전이나 낮잠 자기 전에는 꼭 화장실에 가자"라며 맞장구를 쳤다.

아이들은 "이렇게 해야 한다"라는 당위적인 지시보다 "엄마도 말이야"라는 공감 섞인 대화를 통해 밖에서 용변 해결하는 법을 습득했다. 또한 외출 중에는 아이들뿐만 아니라 나도 함께 볼일을 보았다. 예전에는 아이들의 용변을 돕느라 마음이 바빴는데, 이제는 내 마음을 다독이며 "엄마도 할래" 하고 본보기를 보인다. 야외 공원처럼 수시로 관리하기 어려운 화장실에서는 변기에 앉기 전 휴지로 변기를 닦는 모습을 보여주며 "이제 괜찮아"라는 말도 덧붙였다.

편안한 마음, 수월한 배변

다섯 살 두 딸은 어린이집에서도 대변을 참지 않기로 약속했다. 친한 친구가 휴지로 뒤처리하는 법을 배워 어린이집에서도 혼자 대변을 해결했다는 소식을 듣고 자기들도 해볼 거라며 의지를 다졌다. 친구가 강력한 모델이 되어준 셈이다. 언제가 될지는 모르지만, 어린이집에서도 대변을 누었다는 기쁜 소식을 들으리라 기대한다. 또한 이제 아이들은 집이 아닌 다른 곳에서도 자유롭게 용변을 본다. 바깥에서 용변 실수를 하는 일이 거의 없다. 당장 급하지 않아도 집을 나서기 전이나 휴게소에서 미리 용변을 보는 것이 습관이 되었고, 내가 도와주지 않아도 혼자 변기에 앉아 용변을 해결할 수 있다.

심리학자 에릭슨은 "지나치게 엄격한 배변 훈련이나 스스로 연습할 기회를 주지 않는 배변 훈련은 아동이 수치심을 갖게 한다"고 말했다. 혹시 모를 대소변 실수로 아이의 마음이 다치지 않도록 '실수해도 괜찮다'는 편안한 마음으로 여벌을 챙겨자. 갈아입을 옷이 있으니 양육자도 불편하지 않고, 아이도 수치심이 아니라 '다음에 잘하면 된다'는 기회로 삼을 수 있다. 그리고 아이가 스스로 뒤처리할 수 있도록 "휴지를 뜯어 반듯하게 접은 후 앞에서 뒤로 닦으면 된다"는 말과 행동을 수시로 보여주자. 아이의 신뢰를 한 몸에 받는 양육자의 시범이 쌓이면 아이도 필요한 순간에 혼자 대소변을 해결할 수 있을 것이다.

기저귀를 일찍 뗀 아이들도 스스로 용변을 해결하고 뒤처리하기까지 오랜 시간이 걸린다. 이건 아이의 기질에 따라 다른 문제이며, 경험이 쌓이면 자연스럽게 해낼 발달 과제이기도 하다. 기저귀 떼기도, 바깥에서 스스로 용변 보기도 모두 '마음'에서 시작한다. 아이가 편안한 마음으로 용변을 처리하여 성취감을 느낄 수 있도록 부모의 조바심을 조금 내려놓자. '부모가 도와줄 수 있지만, 정해줄 수 없다'는 변함없는 양육 법칙을 기억하며 아이의 속도를 존중하며 기다리기만 하면 된다.

“분홍색 색종이만 쓸 거야”

거실에서 한참 색종이를 오리던 아이들이 소리쳤다. “엄마, 색종이가 없어!” 하던 일을 멈추고 아이들 곁으로 다가가서 보니 대용량 색종이 상자 안에 색종이가 수북했다. “여기 많은데?” 주황색 색종이 한 장을 들어 올리며 묻자 은이와 연이가 동시에 외쳤다. “분홍색이 없어.” 아이들은 분홍색 색종이가 아니면 안 된다며 완강하게 대꾸했다. 급히 색종이 뭉치를 들춰 분홍색과 비슷한 연보라색 색종이를 아이들에게 건넸다. “자, 여기 분홍색이랑 비슷한 연보라색이야~ 이걸로 오리자.” 아이들은 분홍색이 아니라 아쉬워하며 다시 가위질을 시작했다.

아이들의 분홍 사랑은 색종이에서 끝나지 않았다. “엄마~ 이 옷 말고 분홍색!” 새로 산 노란색 티셔츠를 꺼내줬는데 아이들은 어제

입었던 분홍색 티셔츠를 찾았다. "그 옷 빨려고 세탁기에 넣어뒀는데?"라며 세탁기 속에 담긴 축축한 분홍색 티셔츠를 보여주자 아이들은 실망을 금치 못했다. 옷뿐만이 아니다. 신발, 가방, 심지어는 머리 끈까지 분홍색을 원했다. 두세 살 때는 분홍색 옷으로만 사계절을 보냈다고 해도 과언이 아닐 정도다.

아이들이 한 가지 색만 좋아하니 장점도 있었다. 아이들의 쇼핑 코드가 아주 단순해졌다. '무늬 없는 분홍색'이라는 기준이 확실하니 옷이나 신발을 구입할 때도 선택의 폭이 확 줄었다. 무조건 '무늬 없는 분홍색'이라면 다 좋다고 고개를 끄덕이니 외출 준비를 하며 "어떤 옷으로 입을래?" 하던 실랑이도 없어졌다. 또한 아이들에게 도움이 될 만한 새로운 물건을 구입할 때도 분홍색이라면 다 좋아해서 아이가 물건을 사용하도록 설득하기가 쉬웠다. 분홍색 유아용 책상을 들이니 아이들은 환호성을 지르며 냉큼 의자에 앉았다. "여기에 앉아서 그림도 그리고 책도 읽어보자"라고 말하니 아이들은 너무 좋다며 책상 위에 종이를 올리고 바른 자세로 앉아 그림을 그렸다. 젓가락질 연습을 위한 교정용 젓가락도 분홍색으로 들이니 아이들은 젓가락에 호기심을 가지고 적극적으로 사용했다. 답답하다며 싫어하던 목에 손수건 두르기나 장갑 끼기도 분홍색이라면 고개를 끄덕였고, 그렇게도 무서워하던 구강 검진도 분홍색 치과 의자에 매료되어 수월하게 할 수 있었다.

아이들이 한 가지 색을 좋아하니 분명 내가 편한 부분도 많았지만, 양육자로서 아이의 이런 고집을 어떻게 해석하고 대처해야 할지 궁금했다. 아이의 행동에 이유를 찾기로 했다.

좋아하는 색만 고집하는 아이

심리학자나 색채학자의 여러 연구에 따르면 어린아이들은 색이 주는 느낌 때문에 어떤 색을 좋아하거나 좋아하지 않게 된다. 특히 2~3세의 경우에는 성별 상관없이 공통으로 따뜻한 느낌의 난색을 선호하며, 4~6세가 되면 다루는 색의 범위가 넓어져 성별에 따라 선호하는 색에 차이가 나타난다고 한다. 과학적으로 난색을 선호하는 뚜렷한 이유는 입증되지 않았으나, 난색이 주는 정서적인 포근함이 어린아이들의 마음에 와닿았기 때문이 아닐까.

심리학자 에릭슨은 "인간은 심리사회적으로 여덟 단계에 거쳐 발달한다"며 "이 단계들은 개인이 사회적 환경 사이에서 일어난 갈등을 만족스럽게 해결하는 과정을 통해 건강한 발달을 이룬다"고 바라보았다. 에릭슨의 이론에 따르면 2~3세의 아동은 주변 환경을 마음껏 탐색하며 자율성을 기른다. '자율성'이란 스스로를 통제하고 조절하는 힘을 의미하는데, 이 시기에 자율성을 획득한 아이는 훗날 자기 일을 결정하고 실행하는 '의지'를 발휘할 수 있다. 만약 양육자가 자율성을 키우려는 아이에게 부정적인 피드백만 주면 아이는 불필요한 수치심을 내재화한다. 나는 아이가 자신이 좋아하는 것을 자기만의 방식과 속도로 경험하는 과정을 통해 스스로 선택하는 힘을 기를 수 있다고 생각했다.

아이가 선호하는 색도 마찬가지다. 아이들이 좋아하는 색을 자기 기준에 따라 충분히 경험하는 것에서부터 자율성이 길러진다고 바라보았다. 아이들은 분홍색으로 종이컵을 색칠하고, 분홍색 색종이를 접어서 편지 봉투를 만들고, 분홍색 옷과 머리핀으로 자신을 꾸미며 자신만의 확고한 스타일을 만들었다. 자신이 결정한 한 가지 색으로 꾸미기와 그리기, 역할 놀이, 색깔별로 정리하기를 주도적으로 실천한 아이는 다른 영역에서도 자기만의 방법으로 주도적으로 활동하기 마련이다. 어릴 때부터 이 힘을 탄탄하게 기르면, 아이가 성인이 되어서도 자신이 진정으로 원하는 일을 찾아 이뤄낼 수 있으리라. 아이의 취향을 존중해줌으로써 건강한 자율성을 키워주고 싶었다. 파란색이나 노란색을 성급하게 들이밀며 "골고루 써야 멋진 어린이지"라는 말로 아이가 무언가를 좋아하는 마음에 수치심을 심어주고 싶지 않았다.

간혹 '내가 아이의 시야가 좁아지게 부채질하고 있는 건가?'라는 걱정이 들기도 했다. 그럴 때마다 에릭슨이 언급한 '자율성'을 떠올리며 마음을 다잡았다. '분홍색이 좋다는 아이에게 분홍색은 너무 많으니 안 된다고 할 거야? 분홍색이 너무 많으면 안 좋은 이유는 또 뭔데? 에릭슨이 자율성을 기르는 중이라잖아. 너무 분홍색이라 이상하다고 하면 아이 마음에 수치심이 생긴다잖아! 나만 눈 딱 감으면 돼. 좋아하는 마음 그대로 존중받을 귀한 시간이라고!'

아이의 취향, 언젠가는 변한다

양육자로서 나의 최선은 아이에게 다양한 색을 사용하라고 권하기를 멈추고, 분홍색을 좋아하는 아이의 취향을 고집이라 비난하지 않고, 있는 그대로 존중하는 것이다. 분홍색을 충분히 탐색하며 건강한 자율성을 가지게 된 아이가 언젠가 다른 색으로도 취향을 넓히리라 굳게 믿고, 아이의 색깔 놀이를 그저 응원만 하면 된다.

양육자가 2~5세 아이들의 뚜렷한 기호 표현을 지나치게 걱정하여 양육자의 생각을 강요한다면, 아이 입장에서는 자기 취향을 거부당하고 자기 생각을 존중받을 기회를 빼앗기는 셈이다. 아이의 취향이 어떻든 본인과 타인에게 피해를 주지 않는다면 인정하고 북돋아 주자. 옆 사람이 아메리카노를 좋아한다고 해서 내가 좋아하는 카페라테를 포기할 이유는 없지 않은가. 그러니 아이들이 좋아하는 것을 더 좋아하도록 지지해주자. 양육자가 아이의 관심사를 성급하게 재단하지 않고 귀하게 바라보고자 노력하면 아이의 자율성을 지켜줄 다양한 방법이 보인다. 아이의 확고한 취향 때문에 미래에 벌어질 것 같은 두려운 일(이를 테면 평생 분홍색만 사용하는 극단적인 상황)은 양육자의 걱정에 지나지 않는다. 설사 평생 분홍색을 좋아하더라도, 아이는 건강한 사회성을 가진 어른으로 자라서 상황에 맞게 분홍색을 사용할 것이다.

3년 동안 분홍색만 사용하던 두 딸은 여섯 살을 앞둔 지금, 더 이상 분홍색을 고집하지 않는다. 자스민 공주는 초록색 드레스를 입는다며 연두색과 녹색 색연필로 드레스를 색칠한다. 질리도록 입었던 분홍색 티셔츠는 이제 무늬가 없어 예쁘지 않다며 거부한다. 요즘에는 인터넷 쇼핑몰에서 레이스가 가득 달리고 어여쁜 꽃과 공주님이 그려진 하얀색 티셔츠를 고른다. 무늬 없는 분홍색으로 모든 것을 채워 넣어야 했던 지난날에 비하면 눈부신 발전이다.

한 가지만 좋아하는 아이의 눈길을 애써 다른 곳으로 돌리려 하지 않아도 된다. 자신의 취향을 충분히 즐기며 좋아한 아이는 그 관심을 자연스럽게 다른 데 돌린다. 아이는 취향을 존중받은 경험을 밑거름 삼아 두려움 없이 더 넓은 시야로 세상을 받아들일 것이다.

매일매일 슈퍼 갈래

"슈퍼 가자!" 시작은 나였다. '안 나갈래'에 꽂히면 도무지 나갈 생각을 하지 않는 두 살 된 두 아이를 밖으로 꾀어내려는 작전이었다. 달콤한 뻥튀기만 알던 두 딸은 슈퍼가 무엇인지도 모른 채 얼렁뚱땅 따라나섰다. 슈퍼에 진열된 오색찬란한 과자 봉지가 아이들의 시선을 단숨에 사로잡았다. "여기서부터 여기까지 있는 과자들이 연이랑 은이가 먹을 수 있는 과자야. 먹고 싶은 것 골라보자." 진열대 앞에 놓인 과자들을 꼼꼼하게 관찰하던 아이들은 오늘 처음으로 각자 먹고 싶은 과자를 직접 골랐다. "자, 여기에 과자를 올리면 이모가 계산해주실 거야. 그럼 먹을 수 있어." 아이들은 계산원이 과자 봉지의 바코드를 찍는 모습과 엄마가 지갑 속의 카드를 꺼내는 모습을 물끄러미 바라보았다. 얌전히 과자를 돌려주기를 기다리는 두 아이를 보며 나도 흐뭇한 미소를 지었다. 슈퍼를 미끼로 바깥 산책을 하자는 음흉한 전략이 적중했다.

그날 이후로 아이들은 아침마다 눈만 뜨면 "엄마, 슈퍼~" 하며 슈퍼 나들이를 외쳤다. 아침밥을 먹은 후 매일 슈퍼에 가서 적게는 1천 원에서 많게는 1만 원을 소비했다. 날마다 슈퍼 가자고 자꾸 조르는 아이들을 보니 덜컥 겁이 났다. '이러다가 사리 분별 못하고 보이는 건 뭐든 사달라고 하면 어쩌지? 경제관념이 부족한 어른으로 자라면 어떡하지?'

눈높이 경제 교육이 시작되다

슈퍼 가는 날을 정해야 할까, 아니면 슈퍼에 매일 가면 안 되는 이유를 말해줄까. 두 살 아이들에게 현명한 소비 습관을 심어줄 방법을 고민했다. 하지만 아직 요일 개념도 자리 잡지 않은 아이들에게 가는 날과 가지 못하는 날을 내가 일방적으로 결정하여 알려주는 것은 그다지 효과적인 경제 교육이 아니었다. 또 내가 "안 된다"라고 먼저 말해버리면 아이들은 자기 욕구가 거절당했다고만 생각하고 감정적으로 반응할 것 같았다.

아이들이 슈퍼를 좋아하는 이유를 흰 종이에 적어보았다. 재밌고 신기한 물건이 많아서, 물건을 가져와서 삑 하는 것이 재밌어서, 산 물건들이 맛있어서…. 아, 아이들은 슈퍼라는 장소와 돈을 주고 물건을 사는 소비 경험에 호기심을 가지고 있었다! 아이의 행동을 이해하는 데 계속 언급되는 심리학자 에릭슨이 말한 대로 2~3세의 두 딸들은 '슈퍼라는 새로운 대상을 마음껏 탐험하려는 자율성'을 실현하고 있었다. 슈퍼를 탐구해보려는 아이의 욕망은 건전하다. 아이라면 당연히 가질 수 있는 '알고 싶은 욕구'이다. 머릿속을 가득 메운 걱정 구름이 스르륵 걷혔다. 이참에 두 살 아이들의 슈퍼 타령을 경제 교육으로 실천하는 계기로 만들기로 했다. 어른들도 금융 문맹 퇴치가 대유행인데, 어린아이부터 시작하면 얼마나 좋겠는가.

우선 두 살 된 내 아이들의 발달 상황을 고려했다. 자율성이 발달하는 시기를 통과하는 두 아이가 안전한 울타리 안에서 소비 통제력을 키울 수 있도록 "안 돼"라는 말을 하기 전에 "할 수 있어"라는 말을 알려주기로 했다. 또한 내 아이들의 인지발달 상태를 떠올렸다. 수 개념이 자리 잡았고, 크기 비교와 무게 비교도 가능했다. 그러나 100원 단위를 구분하며 '돈의 크기'라는 추상적인 개념은 이해하기가 어려운 나이였다.

발달 특성을 고려하여 먼저 희소성의 원칙을 세웠다. 돈의 액수가 아니라 직관적인 물건 개수로 '하루에 하나씩'이라는 기준을 만들었다. 우선 아이에게 우리 가족이 한 달 동안 사용할 돈이 정해져 있으니 그 돈으로 갖고 싶은 물건 중 하나를 살 수 있다고 말해주었다. 다음으로 '교환 가치'를 알려주었다. 계산대에 서서 계산하고 돌아서며 "우리 집의 생활비 통장에 있는 돈과 물건을 바꾸었다"는 설명을 덧붙였다. 마지막으로 아이가 하나 더 사고 싶어 할 때는 '기회비용'을 알려주었다. “우리가 하루에 쓸 돈이 딱 정해져 있어. 하나보다 더 많이 사기에는 돈이 부족해. 두 개 사고 싶어? 그러면 오늘 안 사면 돼. 오늘 안 사고 남겨둔 돈을 내일 돈이랑 합치면 두 개 살 수 있어!” 이 문장은 너무 크거나 비싼 물건을 고를 때도 적용됐다. 커다란 쿠키 한 상자나 좀 비싼 완구류 장난감을 가지고 싶어 하는 아이에게 말했다. “이거 사고 싶어? 어디 보자. (손가락으로 상품 가격을 가리키며) 여기를 봐. 숫자가 크지? 이거 사고 싶으면 오늘은 집에 있는 과일 먹고, 내일 슈퍼에 다시 오자. 그럼 살 수 있어!”

아이들은 몇 달 동안 매일 슈퍼 나들이를 갔다. 슈퍼에서 사용한 간식비를 모두 합치니 평균적으로 월 15만 원쯤 되었다. 아이들이 두 세 살까지는 분홍색 내복을 주로 입고 생활하여 의류비가 크게 들지 않았고, 책 구입 외에는 다른 사교육비가 들지 않았기에 매일 실천하는 경제 체험 활동이라고 생각하며 나만의 소신 있는 경제 교육을 밀고 나갔다. 다행히도 집 앞 슈퍼에 진열된 물건에 호기심이 다하자 아이들은 좋아하는 초콜릿이나 캐러멜을 주로 구입하였고, 슈퍼에서 쓰는 간식비는 점차 줄어들었다.

커가는 아이, 자라는 경제관념

아이들이 네 살이 되자 숫자가 커지면 수의 크기도 더 커진다는 개념을 깨달았다. 동전과 지폐를 구분하기 시작했으며, 지폐에 적힌 숫자를 보고 돈의 크기를 어렴풋이 이해했다. 그러자 슈퍼에서 새로운 질문을 시작했다. "엄마, 그런데 돈은 어디에서 생겨? 동그란 동전이 더 좋은 거야? 왜 우리한텐 돈을 안 줘? 어떻게 하면 돈이 더 많아질 수 있어?" 돈을 향한 아이들의 호기심은 꼬리에 꼬리를 물었다. 네 살 아이에 딱 맞춘 경제 교육을 위해 다시 심리학자 에릭슨을 소환했다. 에릭슨은 "4~5세에는 아이의 주도성이 자라는 시기"라고 했다. 이 시기의 아이들은 책임감을 느끼고 과제를 스스로 해결하기 위해 노력한다. 이때 양육자는 아이가 주도적으로 활동하여 성취감을 맛볼 수 있도록 아이를 지지해줘야 한다.

이전과 마찬가지로, 네 살 두 딸의 발달을 고려하여 나만의 소신 있는 경제 교육 원칙을 새로 세웠다. 먼저 아이들에게 매일 2,500원씩 용돈을 주기로 했다. 은행으로 가서 15만 원을 1,000원짜리 지폐 120장과 500원짜리 동전 60개로 바꾸었다. 그리고 동그란 용돈 주머니 두 개를 마련하여 1,000원짜리 지폐 두 장과 500원짜리 동전 한 개를 넣어 아이들에게 주었다. 남편은 "어린아이 하루 용돈이 뭐가 그리 많아?"라며 나를 유난스럽게 바라보았지만, 난 기회비용을 알고 있는 아이들이 슈퍼에서 그 돈을 몽땅 쓰지 않으리라 믿었다. 아니나 다를까. 들뜬 표정으로 생애 첫 용돈을 받은 아이들은 슈퍼에서 2,500원으로 살 수 있는 물건들을 한참 동안 따져보았다. "엄마, 이 젤리 사고 나면 얼마 남아?" 두 아이는 700원짜리 젤리를 손에 들고 물었다. "1,800원 남지." 나의 대답에 아이들은 다시 되물었다. "1,800원 모으면 다음에 더 큰 장난감 살 수 있어?" 그렇다는 나의 대답에 두 아이는 활짝 웃으며 이구동성으로 대답했다. "엄마! 우리 젤리 살래!"

아이들에게 용돈을 주니 자연스럽게 '저축'의 개념도 알려줄 수 있었다. 계산하고 나오며 아이들에게 말했다. "이렇게 용돈을 쓰고 남은 돈을 모아두는 걸 저축이라고 해. 돈을 아끼고 모아두면 큰돈이 필요할 때 요긴하게 사용할 수 있거든. 엄마도 매달 저축해." 그날 이후로 아이들은 저금통에 돈을 더 많이 넣고 싶다며 슈퍼에 가지 않고 집에 있는 간식을 먹겠다고 하거나 일부러 저렴한 간식을 고르기도 했다. 때로는 전날 다 쓰지 않은 용돈과 그날 용돈을 합쳐서 조금 더 큰 과자를 사는 요령도 보였다. 아이들 용돈 주기는 딱 한 달 동안 진행했지만, 그때 저금통에 모아둔 용돈으로 아이들은 자기가 좋아하는 블록도 직접 구입하는 기회를 누리기도 했다.

돈이 어디서 생기냐는 아이의 질문은 소득의 종류를 알려줄 기회였다. 직장에 나가서 벌어오는 '근로 소득', 물건이나 서비스를 제공하고 벌어들이는 '사업 소득', 부동산이나 주식 등을 소유하여 얻게 되는 '자본 소득'을 아이의 눈높이에 맞추어 설명해주었다. 이때 아이들이 즐겨보았던 영어 교육용 DVD 〈맥스 앤 루비Max & Ruby〉의 도움을 받았다. 주인공 토끼 남매가 벼룩시장을 열어 쓰지 않는 물건과 직접 만든 음식을 만들어 파는 장면이 종종 등장하길래 이에 대하여 아이들과 대화했다. "저렇게 물건을 팔면 돈을 벌 수 있구나. 그 돈으로 맥스랑 루비는 뭘 할까?" 아이들이 흔히 접하는 이야기에도 자본이 흐르고 있었다. 굳이 거창하게 준비하지 않더라도 생활 속에서 할 수 있는 경제 이야기는 넘치고 넘쳤다.

두 살부터 지금까지 꾸준히 이어지고 있는 생활 속 경제 교육은 매일 성공하지는 못했다. '자기 조절력을 배워가는 아이'와 '가르칠 것을 가르치는 부모'는 시행착오를 겪기 마련이다. 하지만 슈퍼를 향한 아이들의 뜨거운 사랑을 인정하고, 아이의 인지 및 정서 발달에 따른 맞춤형 경제 교육을 실천한 덕분에 "슈퍼 가자"의 악몽이 경제 교육의 장으로 진보했다.

다섯 살 두 딸은 요즘 어린이집에서 은행에 대해 배운다. 며칠 전에는 은행에서 무슨 일을 하는지, 어디에서 돈을 주는지, 저축이 무엇인지, 통장은 어떻게 쓰는 것인지에 대해 열변을 토하며 설명했다. 또 어린이집에서 만들었다며 통장 모형을 들고 와 나에게 자랑을 늘어놓았다. 마침 일주일에 한 번 만나는 외할아버지가 주시는 용돈을 저금통에 꾸준히 모으고 있던 터라, 시간이 될 때 진짜 은행에 가서 진짜 통장을 만들어보자며 설레는 약속을 했다. 우리 집만의 "슈퍼 갈래" 경제 교육은 대성공이다.

“ 집에 안 가고 더 놀 거야 ”

“우와, 엄마 나도 저거 타고 싶어.” 세 살 된 아이들이 놀이터에서 쌩쌩 달리는 킥보드를 보고 소리쳤다. 경탄 어린 시선으로 구경만 하던 킥보드가 우리 집으로 온 날, 두 아이는 거실에서 킥보드를 껴안고 소리쳤다. “엄마, 정말 좋아!” 다음 날, 아이들은 아침을 먹자마자 나가자고 재촉했다. 은이는 가슴까지 올라오는 손잡이를 꼭 잡고, 한 발을 킥보드에 올린 채 나머지 발을 굴렀다. 머리카락을 흩날리며 신나게 앞으로 나아가는 은이가 기특했다. “엄마, 밀어줘!” 겁먹은 연이는 두 손으로 손잡이를 붙들고 외쳤다. 앞서가는 은이 뒤로 연이의 킥보드를 잡고 나도 덩달아 달렸다. 어느새 무서움을 이겨낸 연이도 혼자 킥보드를 타기 시작했다.

그날 이후 두 딸은 하루도 거르지 않고 꼬박 여섯 시간씩 킥보드를 탔다. 그때는 아이들이 아직 어린이집을 다니지 않았기에 6월 대낮의 텅 빈 놀이터는 우리 차지였다. 아이들은 뜨거운 햇살을 온몸으로 받으며 킥보드에 몸을 싣고 달렸다. 그러다 배가 고프면 벤치에 나란히 앉아 도시락에 담긴 밥을 조미김에 싸 먹었다. 달콤한 오렌지 조각으로 입가심까지 하고 나면 다시 몇 시간을 달렸다.

아이들은 킥보드를 타며 씩씩하게 자랐지만, 문제는 나였다. 아이들이 킥보드를 다 탈 때까지 기다리기 힘들었고, 집으로 돌아가는 길이 힘들다며 투덜거리는 아이들을 달래기도 지쳤다. 급기야 "힘들어지기 전에 들어가자"라는 나의 말을 들은 척도 하지 않는 아이들이 미워졌다. 힘들다고 노래를 부르면서도 매일 여섯 시간씩 킥보드를 타는 아이들이 원망스러울 지경이었다.

하고 싶으니까, 즐거우니까

아이를 키우며 생기는 고민거리는 때때로 양육 지식만으로 해결되지 않는다. 이럴 때는 아동뿐만 아니라 인간에 대한 종합적인 연구가 도움 된다. 아이와 어른이 다른 존재임은 분명하지만, 아이도 어른도 모두 같은 사람이니까. 킥보드가 재밌는 건 인정하지만 6월의 대낮에 더위를 무릅쓰고 여섯 시간 동안 타도 괜찮을까? 대체 무엇 때문에 아이는 이렇게까지 킥보드 타기에 매료된 걸까? 겨우 세 살 된 아이들의 킥보드 사랑이 더 미워지기 전에 아이들의 행동을 좀 더 들여다보았다.

심리학자 미하이 칙센트미하이Mihaly Csikszentmihalyi는 여러 저서에서 '몰입'의 힘을 강조했다. 이때 몰입이란 어떤 보상이나 결과를 바라지 않고, 시간의 흐름조차 잊을 만큼 스스로 세운 목표를 이뤄가는 과정 자체에 깊이 빠져들어 즐기는 마음 상태다. 킥보드를 타던 아이들이 딱 이랬다. 킥보드를 잘 타면 선물을 준다고 한 적도 없는데, 킥보드가 너무 좋아서 땡볕 아래에서 발을 굴렀다. 어찌나 신이 나는지 온몸이 땀으로 범벅이 된 것도 모른 채 여섯 시간 동안 킥보드와 한 몸이 되었다. '킥보드를 원하는 대로 마음껏 타고 싶다'라는 자기만의 목표를 세우고 아이들은 달리고 또 달렸다.

인간의 행동에는 외적 동기와 내적 동기가 있다. 나는 인생의 대부분을 외적 동기에 의해 '해야 한다'니까 움직였다. 그 과정이 즐거울 때도 있었지만, 대부분 힘들고 재미없었다. 성취감을 느낄지라도 다음 스텝을 위한 결과에 지나지 않았기에 '과정을 온전하게 즐긴다'는 말은 내게 사치로 느껴졌다. 아이들은 달랐다. 세 살 두 딸은 대부분 내적 동기에 의해 움직였다. 집 밖에서 킥보드를 타고 싶으니까, 즐거우니까 매일 나갔다. 아이들은 과정 그 자체를 온전히 즐기며 경험과 하나가 되었다.

성취감을 먹고 자라는 아이들

두 딸은 집 안에서도 마찬가지였다. 원하는 모양이 나올 때까지 동그라미를 그리고, 블록으로 애써 높이 쌓은 성을 허물었다가 다시 쌓아 올리고, 새로운 책에 흠뻑 빠져 바쁘게 책장을 넘길 땐 내가 아무리 불러도 못 들었다. 인정받기 위해서, 칭찬받기 위해서, 성적을 잘 받기 위해서, 똑똑해지기 위해서, 부자가 되기 위해서, 행복해지기 위해서 한 것이 아니다. 단지 하고 싶어서 했다. 아이들은 몸과 정신이 하나가 되어 과제를 해내는 몰입을 통해 성취감을 느끼고 자기효능감을 쌓았다.

이는 교육 전문가들이 영재의 특성 중 하나로 꼽는 '과제 집착력'과 이어진다. 아이들이 흥미를 느끼고 과제를 해결하다 보면 크고 작은 난관에 봉착하기 마련인데, 그 순간을 이겨내고 끝까지 과제를 완수하려 노력하는 태도를 과제 집착력이라 한다. 이는 영재에게만 해당하는 특징이 아니다. 모든 아이가 과제 집착력이 좋을수록 학업 성취도와 성취감, 문제해결력에 좋은 영향을 미친다.

나는 세 살 두 딸이 여섯 시간 동안 킥보드를 타는 행동을 '몰입'으로 재해석하여 존중했다. 들어가자는데 안 들어가려 고집 부리는 아이가 아니라, 자유자재로 킥보드를 타려고 노력하는 기특한 모습이었다. 나의 기준에는 사소한 놀이지만 아이의 시선에서는 도전하여 성취감을 느끼기에 충분한 몰입의 대상이었다. 두 딸은 자신이 선택한 활동에 깊이 몰두하며 과제 집착력을 키웠다. 아이의 행동을 고집이 아니라 몰입으로 바라보자 나도 두 딸의 행동을 더 편한 마음으로 지지할 수 있었다. 아이들이 킥보드를 타는 동안 나를 위한 일인용 돗자리에 앉아 집에서 챙겨온 냉커피를 마셨다. 집으로 돌아가는 길, 아이들의 킥보드를 양 손에 들고 "이야, 오늘 킥보드 실력이 쑥 자랐는데!"라며 너스레를 떨었다.

다섯 살이 된 아이들은 여전히 본인들이 원하는 활동에 몰입한다. 어느 날 은이는 색종이로 하트 접기가 너무 재밌다며 색종이 스무 장을 꺼내 들었다. "힘들면 그만해도 된다"는 나의 말에도 "다 접고 잘 거야"라고 외쳤다. 그러고는 한 시간 동안 하트 스무 개를 접고는 달콤한 성취감에 취해 잠들었다. 연이는 그 옆에서 흰 종이 다섯 장을 꺼내 기다란 드레스를 입은 공주를 그렸다. "졸린데 어서 자자"는 나의 말에 연이는 "다섯 장 다 그리고 잘 거야" 하더니 30분 넘도록 공주 그리기에 몰입했다. 곱게 색칠까지 마무리하고는 만족스럽게 침실로 들어갔다.

집에 들어가기 싫다는 아이가 바깥에서 어떤 것에 눈길을 두고 있는지, 나가기 싫다는 아이가 집 안에서 무엇을 자주 가지고 노는지 조금만 더 관심을 기울여보자. 스스로 해보고 싶은 일을 정하고, 그것과 하나가 되어 움직이는 아이의 몰입이 보일 것이다. 오늘 우리 집 연이와 은이는 무엇에 마음과 정성을 쏟을까? 조금은 너른 마음으로 아이를 관찰해야겠다.

“무조건 이길 거야”

두 딸이 네 살이 되고, 어린이집 생활을 시작하자 아이들은 비교와 경쟁의 말을 하기 시작했다. “나 이거 할 수 있다”는 성취감의 표현이야 얼마든지 응원할 수 있었지만, “나는 이거 할 줄 아는데”로 시작하는 비교의 말과 “내가 이겼지”로 시작하는 경쟁의 말에는 어떻게 응수해야 할지 적절한 말이 떠오르지 않았다. 쌍둥이 두 딸은 하루에도 수십 번씩 “누가 먼저 하나, 준비 시작!” 하며 상대방의 동의 없는 경쟁을 수시로 펼쳤다. 이기고 지는 게임에서 어느 누가 지고 싶으랴. 이기는 아이가 생기면 지는 아이가 반드시 생겼고, 진 아이는 속상하다며 나에게 달려왔다.

“형제자매 간의 다툼에는 서로의 마음을 읽어주어라”는 책 속에 흔한 조언을 따라봤지만, 두 아이의 마음을 동시에 읽어주려다 더 큰 말다툼으로 번지기 일쑤였다. 따로 시간을 내어 조곤조곤 말하려고 하니 두 아이 모두 서로 자기가 먼저라며 또 다른 다툼을 시작했다. 이제 막 겨루기의 재미에 흠뻑 빠진 아이들은 지극히 사소한 일에도 앞다투어 "내가 먼저"를 외쳤다. 새로운 방법을 떠올릴 시점이었다. 아이들 다툼에 매번 재판관 노릇을 하기도 힘들고, 수시로 펼쳐지는 레이스도 피곤했다. (육아는 좀 해볼 만하다 싶으면 새로운 과제가 주어지는 겸손한 과업이다.) 상황을 분석하고, 그럴싸한 해결책을 찾기 위해 머리를 굴렸다.

욕심이 아닌 성취동기

네 살 두 딸의 발달 키워드는 '주도성과 단체 생활'이었다. 어린이집에서 선생님을 만나고 친구를 사귀면서 아이의 관심은 가정에서 사회로 넓어졌다. 어린이집에서 쉽게 이야기하는 '누가 빨리 뛰나, 누가 잘 먹나, 누가 잘 정리하나' 같은 경쟁 아닌 경쟁 속에서 쌍둥이 두 딸은 누구보다 빨리 뛰고 싶고, 잘 먹고 싶고, 먼저 해내고 싶어 했다. 칭찬은 고래도 춤추게 한다지만, 단체 생활에서 한 아이를 공개적으로 칭찬하면 일어나는 부작용이기도 하다. 잘하고 싶은 마음, 인정받고 싶은 마음이 강한 아이들일수록 더욱 그렇다. 이 또한 잘해보려는 좋은 마음이기에 나도 아이들의 욕구에 공감할 수 있었다. 어른인 나도 잘해보려는 마음 때문에 겪는 시행착오가 얼마나 많은가. 여기에 완벽주의나 승부욕 같은 기질이 더해지면 '매번 이기고 싶다'라는 강렬한 충동이 일어나기 마련이다.

다문화 상담의 선구자인 앳킨슨Donald Ray Atkinsin은 "성공을 추구하는 동기가 높을수록 '도전적인 과제를 성공적으로 해내려는 마음'인 성취동기가 높아진다"고 설명했다. 우리 집 두 딸도 마찬가지였다. 자신의 자율성과 주도성, 몰입을 존중받은 경험 덕분에 성공 추구 동기가 높아져 어떤 과제든 해내려는 성취동기도 높아졌다. 경쟁에서 이기고 싶은 마음을 안 좋게만 바라보면 '욕심'으로 끝나지만, 이를 '성취동기'라는 측면으로 보면 긍정적으로 이끌어줄 방법이 보인다. 두 아이의 성취동기를 채워주면서 모두가 즐거울 방법을 찾아야 했다.

경쟁이 아닌 협동의 단맛을 느끼기를

우선 협동 형태의 놀이에 집중했다. 주도성이 발달하는 시기의 아이들은 단순하게 협력하는 공동 놀이를 통해 협동심을 기르고 규칙을 배울 수 있다. 수시로 "누가 먼저 도착하나"를 외치는 아이들의 레이스를 어떻게 협력의 놀이로 바꿀지가 문제였다. 지금까지의 레이스는 참가자가 둘이니 한 명이 이기고 한 명이 지는 결말이 정해져 있었다. 그런데 한 명이 더 들어오면? 둘이서 한 팀이 되어 나머지 한 명을 이기면 된다. 협동해서 이기는 경험, 팀원을 도와주는 경험까지 할 수 있다. 이제 이 한 명을 어디서 끌어오느냐가 문제였다. 답은 간단했다. 아이들의 놀이에 내가 들어가면 되었다. 유레카!

이기고 지는 레이스가 '엄마를 이겨라' 놀이로 바뀌었다. "누가 먼저 뛰나" 하고 뛰어가는 아이들 뒤에서 "엄마가 이길 거야"라고 소리치며 실제로 달리지는 않고 약간 빠른 걸음으로 달리는 시늉만 했다. 아이들은 엄마의 과한 연기력이 첨가된 목소리만으로도 전율을 만끽하며 "우리가 엄마를 이기자!"라며 똘똘 뭉쳤다. 간발의 차이로 엄마를 이긴 쌍둥이 연합팀은 폴짝폴짝 뛰며 승리의 기쁨을 나누었다. 그럼 나는 "아, 이기고 싶었는데 아쉽다. 다음엔 꼭 이겨야지" 하며 기뻐하는 아이들 뒤에서 아쉬운 표정을 지었다. "연아, 은아. 먼저 도착한 것 축하해. 진짜 빨리 달리던데! 엄마도 신나게 달리니까 참 좋아." 환한 미소와 함께 이긴 아이들을 진심으로 축하하는 모습을 보여주며 승리의 기쁨도 나누었다. "져서 아쉽지만, 그래도 재밌다"라는 교육적 언어도 꾸밈없이 덧붙였다.

자전거 타기처럼 운동 기능이 미숙하여 다칠 위험이 있는 활동이나 색칠하기처럼 각자 결과물을 완성하는 활동은 게임 종목을 바꾸었다. '빨리 가면 위험하니까, 누가 누가 안전하게 가나!', '끝까지 해내면 기분이 좋으니까, 누가 누가 끝까지 하나!'처럼 결과가 아닌 과정에 집중하도록 전환했다. 매번 성공하지는 못했다. 아이와 나, 어느 쪽이라도 피곤할 때면 어느 방법도 통하지 않을 때도 많다. 하지만 하루에 열 번도 넘게 시작되던 '누가 먼저' 레이스가 줄어들었다는 사실만으로도 숨통이 트였다.

혹시나 아이가 외동인 경우라면 아이가 양육자를 아슬아슬하게 이기는 경험을 먼저 충분히 갖게 해주는 것이 좋다. 이 시기의 아이들은 "나는 뭐든지 할 수 있어"라는 자기효능감을 채우는 것이 우선이다. 다만 외동이든 형제자매가 있든, 아이가 단체 생활에서 언제든 이겨야만 한다고 생각하고 있다면 아이에게 더 많은 관심과 사랑을 부어주자. 혹여나 아이가 자신이 잘할 때만 양육자가 관심을 보여준다고 오해하여 무조건 이기려 집착할 수 있기 때문이다. "꼭 이기지 않아도 괜찮아. 때론 질 때도 있는 법이야. 엄마 아빠는 네가 이기든 지든, 성공하든 실패하든 언제나 널 변함없이 사랑해"라는 메시지를 전달할 필요가 있다.

다섯 살 두 딸이 게임을 대하는 태도는 작년과 많이 달라졌다. 즉흥적인 게임을 하기 전에는 상대의 동의를 먼저 구하고, 게임 참여자 모두 기분 좋은 방법을 생각해야 즐거울 수 있다는 사실을 깨달았다. 좀 어렵긴 하지만 '게임에서 질 수도 있다'는 사실을 알아가고 있다. 더 이상 내가 "엄마도~" 하며 게임에 참여하지 않아도 아이들은 다투지 않고 레이스를 한다. 또한 함께 보드게임을 할 때는 정해진 규칙을 따라야 함을 배우고 있다. 게임의 규칙을 지키려고 노력하니 좀 더 복잡한 보드게임도 도전할 수 있게 되었다. 굴러다니는 주사위를 가지고 자기들만의 게임을 만들어 "이렇게 해서 우리가 엄마를 이기자"라며 키득거리고 작당할 때도 있다.

어른들이 그러하듯, 아이들도 뭐든 잘하고 싶어 한다. 다른 말로 표현하면, 성취동기가 높다. 잘 해내고 싶은 마음이 '해냈다'라는 성취감으로 연결되기를, '할 수 있다'라는 자신감으로 이어지기를, 실패하더라도 '그럴 수 있다'라는 회복탄력성으로 발전하기를 바란다. "엄마도 할래"라는 마법의 언어 안에 그 큰 소망을 담아보자.

“ 싫어, 전부 다 아니야 ”

저녁 7시 40분. 은이가 짜증을 내기 시작했다. “밖에 나가자”로 시작한 투정은 “아니야”로 절정을 찍었다. 침대에 드러누워 피곤하다며 온몸을 뒤틀었다. 징징거림과 고성이 방 안을 가득 채웠다. 급기야 연이가 다가와 “엄마, 너무 시끄러워”라고 말했다. 나는 “은이가 많이 피곤해서 그런가 봐. 조금 기다리면 괜찮아질 거야”라며 연이를 달랬다. 연이는 할 수 없다는 표정으로 책장에 꽂힌 책을 꺼내 읽었다. 고개를 돌려 시계를 봤다. 은이의 짜증이 시작된 지 30분이 흘렀다. 어느새 은이의 소리가 점점 줄어들고 있었다.

갓난아기가 울면 “즉시 안아주라”는 조언을 여기저기서 들었다. 아기의 울음은 불편하다는 신호이니 즉각 해결해주라는 뜻이었으리라. 말을 배우는 한두 살 때는 아이가 울면 “욕구와 감정을 읽어주라”

는 지침도 책에서 여러 번 봤다. 아이에게 의사 표현을 가르쳐주라는 뜻이었으리라. 그런데 아이가 서너 살이 되니 책에서 배운 방법이 더 이상 통하지 않았다. 아이는 언어로 의사 표현을 할 수 있지만 여전히 울었다. 기분이 좋을 때나 평온할 때는 자기 말을 끊임없이 하지만, 감정 주머니가 쌓여 터져버리면 속수무책으로 화를 내며 울었다. 말을 배우기 전보다 더 크고 길게 울음을 뱉었다.

전문가들은 이럴 때 "아이 스스로 감정을 추스를 시간을 주세요"라고 했다. 불쾌한 감정을 처리하는 방법을 배우는 중이니 아이가 감정을 터뜨릴 때는 자극하지 말고 기다려주라는 의미다. 아이의 감정이 차분히 가라앉은 뒤, 부모가 그 감정을 읽어주고 행동의 경계를 알려주면 점점 나아질 거라고, 아이 스스로 감정을 추스르는 시간도 점점 짧아질 거라고 했다. 말이 쉽지! 본능은 이성을 앞지른다. 전문가의 조언이 떠오르기도 전에 "그만 좀 울어!"라는 말이 튀어나왔다. 그 말을 앞니 끝에서 막아내고 꿀꺽 삼켜도 속에서 맴돌았다. 이성은 사라지고, 엉엉 우는 아이와 부들부들 떠는 엄마만 남았다. 참고, 참다가 "왜! 대체 왜!"라며 괴성을 지르는 엄마가 나였다.

나만의 지침서 만들기

수시로 이성을 잃어버리는 나를 책망하기도 이제 지겨웠다. '그렇게 막무가내로 감정을 터뜨리면 안 된다'는 것을 아는 데서 그치지 않고 '감정이 격하게 터져 나오려는 순간에는 어떻게 해야 하는지'도 알아야 했다. 그래서 육아책을 읽고 강의를 들으며, 나만의 지침서를 만들었다. 다음은 아이가 자기 감정을 폭발할 때 내가 사용하는 실전 수칙이다.

첫 번째, 시간을 확인한다. 스트레스 받는 상황에서는 1분도 한 시간처럼 느껴진다. 감정을 토해내는 아이 곁에서 객관적인 시간을 체크하며 나의 마음을 다스린다. "이제 좀 그만해"라며 다그치지 않고 차분하게 아이를 기다려주는 엄마의 태도는 아이들의 흥분된 마음을 가라앉히는 데 효과적이다.

두 번째, 아이의 맥락을 생각한다. 아이의 하루를 되짚어보면 지금 와서 감정을 터뜨리는 이유가 보인다. 이는 아이의 기질과도 관련 있다. 환경 변화에 민감한 내 아이는 어린이집에서 특별 활동을 했거나 외부 활동이 많았던 날에 주로 감정이 폭발한다. 밖에서는 참고 참다가 편안한 집에 와서 온몸을 털어내며 긴장을 해소한다. 지금 당장 두드러지는 아이의 행동만 보면 이해할 수 없어도, 시간을 되돌려 천천히 맥락을 짚어보면 이해된다. 이해하면 아이가 감정을 추스를 때까지 기다릴 여유가 생기기 마련이다.

세 번째, 아이의 행동이 안전한지 고려한다. 아이가 감정을 격렬하게 몸으로 표현하다 보면 가구 모서리나 물건에 부딪힐 때가 있다. 아이가 자기 몸을 다치게 하거나 타인에게 피해를 주지 않도록 아이를 보호해야 한다. 처음에는 어렵게 느껴지지만, 횟수가 잦아질수록 아이 스스로 침대 위나 거실 한쪽으로 가서 자기만의 시간을 가진다.

네 번째, 기다린다. 아이의 진심이 아닌 말(엄마 미워, 엄마 저리 가 등)에 귀를 닫고, 아이의 행동(데굴데굴 구르기, 발로 허공 가르기 등)에 눈을 감는다. 그리고 아이의 온몸으로 화의 기운이 빠져나가고 있는 모습을 상상하며 이내 맑아질 아이를 기다린다. '감정은 지나가는 것'임을 몸으로 배우는 아이가 훗날 감정에 휩싸이더라도 현명하게 행동하는 어른으로 자랄 것이라 기대하며 이 시간을 견딘다.

나만의 지침서를 만들었지만, 내 앞에서 막무가내로 화내는 아이를 보고 있으면 온갖 생각이 들었다. '저러다 제 성질을 못 참는 아이로 자라면 어쩌지? 감정 조절이 저렇게 안 되는데 내가 잘 키우고 있는 거 맞아? 안 된다고 딱 잡아서 울음을 그치게 해야 하는 거 아냐?' 내 안에는 나의 양육 방식에 대한 불신과 두려움, 아이의 감정을 내 뜻대로 통제하려는 잘못된 책임감이 뒤섞여 있었다. 내 뜻대로 되지 않는 아이를 보면 '나는 좋은 엄마가 아니다'라는 생각에 마음이 힘들었다. 아이가 감정을 조절하는 법을 배워가는 그 시간이 견디기 힘들고 고통스러웠다.

자기 속도에 맞게 잘 배워가고 있는 아이에게 이렇게 안절부절못하는 엄마는 오히려 방해만 될 뿐이다. 눈을 뜨고 아이의 울음을 가만히 바라봤다. 폭풍의 가장자리에서 명상하는 느낌이었다. 뾰족하게 솟아오른 예민함의 화살을 가만히 바라보는 횟수가 늘수록 경험(아이가 운다)과 생각(그만 좀 울어라, 난 좋은 엄마가 아니야)과 인식(내가 이런 상태구나)이 조금씩 구분되기 시작했다.

아이도 사람이다

아이들도 스트레스를 받는다. 규칙을 따라야 하고, 마음대로 행동하지 못한다. 서운함, 속상함, 억울함 등의 미묘한 감정들이 차곡차곡 쌓인다. 컵에 가득 담긴 물이 마지막 한 방울로 넘치는 것처럼, 아이의 감정 주머니도 사소한 한 가지 일로 터져버린다. 꽉 막혔던 감정이 피융 하고 풍선 바람 빠지듯 나오면 좋으련만, 어떤 것들은 슬픔, 억울함 등의 덩어리들이 반죽처럼 뒤섞여 스스로 감당하기 어려운 모양으로 한꺼번에 튀어나오며 폭탄 터지듯 굉음을 낸다.

이럴 때 "뚝 그만, 별거 아니야"라며 감정을 막아버리는 대처는 위험하다. 아이의 불편한 감정도 삶을 살아가기 위한 필수 조건임을 인정해야 한다. 불편한 것은 불편한 것이 맞다. 자신이 불편한지도 모르고 살아가는 삶은 얼마나 불편한가. 그렇다고 무엇이든 "그래그래"라고 용납하는 태도도 위험하다. 기분이 나쁘다고 마음대로 행동하여 남에게 피해를 줘서는 안 되니까. 감정은 지나간다. 감정은 내가 아니다. 대부분의 감정은 시간이 지나면 자연스레 사라진다. 불같은 감정을 겪어내는 순간은 너무나도 힘들지만, 어느 정도 시간이 흐르면 긴장이 해소되고 마음이 말끔해진다. 아이도 이런 경험을 해봐야 한다. 불편한 감정이 해소되고 말끔해지는 횟수가 쌓이면 아이가 좀 더 자라서 이렇게 말하지 않을까? "아, 속상해. 근데 그럴 수 있지, 뭐. 이제 괜찮아."

아이는 한 살, 두 살 먹을수록 다양한 감정을 느끼고 이를 조절해

나가는 법을 배운다. 물론 시행착오를 겪으며 자기만의 색을 만들어 가는 아이 곁에서 독립적인 엄마로 서 있기란 여간 어려운 일이 아니다. 아이의 내면보다 더욱 격하게 요동치는 나의 내면을 마주하는 괴로운 시간이기도 하다. 하지만 이 시간을 통과하고 나면 아이의 감정과 엄마의 감정을 분리하는 현명함이 쌓여 있을 거라 믿어보자. 아이의 감정을 존중하고, 나의 감정 또한 존중하는 엄마로 한 뼘 더 자라 있을 것이다.

“엄마가 다 해줘”

아이들 마음은 종잡을 수 없다. 무엇이든 혼자 할 거라며 엄마의 인내심을 시험하다가도, 순간 돌변하여 이것도 저것도 엄마가 다 해달라며 발을 구른다. 은이가 갑자기 그랬다. 뭐든 자신감을 내뿜으며 스스로 하려던 아이가 어린이집에만 다녀오면 “엄마가 해줘. 양말 벗겨줘. 손 씻겨줘. 귀 만져줘. 엄마가 다 해줘” 하며 갓난아기로 돌변했다. “혼자서 다 할 수 있잖아. 그래도 엄마랑 하고 싶으면 좀 기다려줘. 엄마도 옷 갈아입고 정리해야 해.” 퉁명스레 대답하고 실내복으로 갈아입고 나왔더니 은이는 여전히 현관 앞에 울먹이며 앉아 있었다. 아이와 약속한 말이 있으니 은이의 신발과 양말을 벗겨주고 손을 잡고 세면대로 가서 손도 씻겨주었다. 그리고 식탁에 앉아 간식을 먹는 은이의 귀를 만져주었다.

은이는 자기가 가장 좋아하는 엄마표 귀 마사지를 받더니 "헤~ 엄마, 좋아" 하며 웃었다. 좀 전까지 짜증 내며 울먹거리더니 금세 기분이 풀렸나 보다. 네가 좋다니 나도 좋다만, 하원 후에 이렇게까지 다 해줘도 되나 싶은 걱정이 스멀스멀 올라왔다. 반대로 연이는 어린이집에 다녀오면 스스로 제 할 일을 다 했다. 선생님이 외출 후에는 손을 씻고 옷을 갈아입으라고 했다며 어린이집에서 배운 대로 행동했다. 그러고는 "엄마, 나 잘했지?" 하며 씨익 웃었다.

두 아이가 이렇게 다르니 '뭐든 혼자서 다 할 수 있다던 은이가 갑자기 왜 이럴까? 복직하고 같이 시간을 많이 못 보내서 마음이 힘들어서 그러나?' 하고 걱정되었다. 그러다가 '그래도 이렇게 간단한 일은 혼자서도 얼마든지 할 수 있잖아. 그냥 각자 자기 일 하면 얼마나 편하고 좋아'라는 원망도 자라났다. 아이들 하원 후에 입었던 옷과 가방을 정리하고, 저녁 준비도 하느라 바쁜데 내 마음처럼 척척 도와주지 않는 은이가 내심 못마땅했다. 아직 어린아이를 두고 이런저런 부정적인 생각이 들자 한편으로는 '이 정도도 받아주지 못하는 엄마'라는 미안한 마음도 커졌다. 원망과 죄책감이 뒤섞이니 마주하는 상황이 다 버겁고 힘들기만 했다. 아이가 이렇게 행동하는 이유가 보이지 않았다.

의존적인 아이라고?

길이 막히면 답을 찾으면 된다. 가장 손쉬운 방법으로 '다 해달라는 아이'라는 키워드를 인터넷에 검색하니 '의존적인 아이'가 나왔다. 부모가 무엇이든 다 해주려 하거나 아이에게 스스로 해결하지 못할 과제를 요구할 때 지나치게 의존적인 아이로 자랄 수 있다는 조언이 함께 있었다. 맞는 말이다. 하지만 이렇게 단편적으로 상황을 해석하고 적용하기엔 어딘가 찝찝했다. 지금 내 아이는 '의존적인 아이'라는 한마디로 정의하기엔 부족했다.

현관 앞에 앉아 양말을 벗겨달라고 하는 은이는 의존적인 행동을 했다. 스스로 할 수 있는 일인데 하지 않으니 말이다. 딱 이 상황만 보면 그렇다. 그러나 아이가 매번 그러는지를 생각해보면, 그건 또 아니었다. 자신이 해내고자 하는 일은 엄마나 아빠가 가르쳐주지도, 먼저 시범을 보여주지도 말라고 말하는 아이였다. 혼자서 해낸 성취감을 즐겼고, 하다가 어려움에 막히면 스스로 방법을 찾아내려고 노력하는 아이였다. 은이는 모든 상황마다 의존하지 않았다. '하원 직후'라는 특정 상황에서만 요구했다. 그때의 짤막한 요청을 수용받고, 기분이 좋아지면 다시 주도적으로 활동했다. 하원 직후라는 '특정 상황'을 다시 눈여겨보았다. 어린이집에서 돌아와 현관문을 열고 들어설 때, 은이의 마음은 무엇일까? 아이의 눈빛, 아이의 손짓, 아이의 말투를 천천히 곱씹어보니 "엄마가 필요해"라고 말하는 듯했다. 은이는 엄마의 사랑을 마음껏 충족하고 싶었던 거였다. 기관 생활로 지친 몸과 마음을 따뜻한 엄마 손길로 위로받고 싶었을 뿐이었다.

나도 마찬가지다. 직장 퇴근과 육아 출근이 겹치는 시간에 피로를 조금이라도 덜어내고 싶었다. '너희가 좀 도와줘'라는 무의식적인 바람이 받아들여지지 않자 나의 좌절된 욕구 때문에 은이의 '욕구 표현'을 '문제 행동'으로 바라보고 말았다. 정답은 남들의 조언이 아닌 나의 시선에 있었다. '쉬고 싶은 엄마'와 '엄마 손이 그리웠던 아이'가 부딪혔다. 회사에 다녀와서 피곤한 엄마는 조용한 침대에 누워 쉬고 싶었고, 어린이집에 다녀와서 피곤한 아이는 다정한 엄마와 함께 쉬고 싶었다.

애정에서 답을 찾다

은이는 과잉보호가 아니라 안정과 애정을 원했다. "내가 다 할 거야"라며 주도성을 한창 기르는 중이지만, 어린이집에 다녀온 후에는 엄마와 애정을 채우며 안정된 애착을 쌓으려 했다. 은이는 의존 욕구가 채워진 후에야 자신이 바라는 또 다른 일에 주도적으로 도전하는 독립적인 아이였다.

누구나 마음을 털어놓고 따뜻한 말로 위로받으며 포근하게 안기고 싶을 때가 있다. 아이도 그렇다. 어린이집에서 잘 놀았지만, 친구들의 마음을 헤아려 행동하기는 힘들었다. 선생님과 즐겁게 지냈지만, 마냥 편하지는 않았다. 밥도 맛있게 잘 먹었지만, 모든 반찬이 맛있었던 건 아니다. 낮잠을 자며 피로를 풀었지만, 더 놀고 싶은 마음을 조절해야 했다. 어른들이 퇴근하고 돌아와 가방을 툭 던지고 거실 바닥에 널브러지는 것처럼, 밖에서 열심히 살고 집으로 돌아온 아이도 집 안으로 들어오자 긴장이 풀리며 피로가 쏟아졌다. 네 살 은이의 '해줘' 시리즈(양말 벗겨줘, 옷도 벗겨줘, 손 씻겨줘, 귀 만져줘)는 밖에서 내내 안고 있던 긴장감을 엄마의 도움으로 털어버리고 싶다는 표현이자 "엄마 품에서 쉬고 싶어요"의 또 다른 말이었다.

물론 아이마다 애정을 채우는 방식이 다르고 원하는 때도 다르다. 은이와 달리 연이는 잠들기 전 침대에 누워서 엄마에게 하고 싶었던 말을 다 쏟아내며 엄마의 사랑을 채웠다. 나는 아이들이 각자 무엇을 어떻게 원하는지 관찰하여 저마다 기대하는 방식으로 귀한 마음을 부어주면 되었다.

다섯 살 은이는 요즘도 하원 후 집으로 돌아오면 "엄마가 해줘"라고 말한다. 하지만 예전만큼 격한 감정이 아니라 애교 섞인 말투로 요청한다. 나도 "우리 딸, 밖에서 신나게 놀고 돌아왔네" 하며 기분 좋게 응한다. 반면 연이는 캄캄한 방에 누워 "엄마, 그런데 아까…"라며 하루 동안 있었던 일을 이야기한다. 내가 나란히 누워서 맞장구를 치다가 "근데 연아, 엄마가 너무 졸려"라고 말하면 연이는 "그래, 엄마! 잘 자" 하고는 곧 잠든다. 아이들이 네 살 때만 해도 "그래도 엄마"라며 원하는 대로 다 해달라고 요구했고, 나는 나대로 '엄마도 피곤하거든, 너는 대체 왜 그러냐'는 마음으로 퉁명스럽게 대했는데, 1년 동안 아이도 나도 쑥 자랐다.

아이에게 사랑을 콸콸 쏟아부어주면 아이는 그 힘으로 다시 일어나 곁을 나누는 나에게 사랑이 가득한 눈빛을 다시 보낸다. 내가 먼저 건넨 사랑인지, 아이가 먼저 건넨 사랑인지 구별되지 않는 사랑이 오고 간다. 아이가 보내는 사랑의 신호를 섬세하게 알아채는 지혜로운 엄마가 되고 싶다.

우리 모두 아이였지만, 아이였을 때가 잘 기억나지 않아요. 그래서 내 아이를 보면 이 아이가 대체 왜 이러나 힘들고 이해되지 않는 순간이 많지요. 이해할 수 없으니 답답하고, 답답함이 쌓여가니 결국 화가 나더라고요. 그럴 때 저는 아이 발달 단계에 관한 책을 펼쳐봅니다.

혹시 내 아이가 요즘 좀 이상한가요? 아이의 행동에 이해되지 않는 순간이 잦나요? 아이의 정서 및 심리 발달을 알려주는 책을 펼쳐보세요. 아이의 몸이 크는 속도 못지않게 마음도 빠르게 발달하거든요. 아이 행동의 이유를 알고 나면 '엄마의 화를 돋우는 아이의 행동'이 '아이의 마음 신호'로 보이기 시작할 거예요.

미취학 아동의 발달 단계를 이해하는 데 가장 많이 인용되는 학자가 에릭슨이에요. 에릭슨은 2~5세를 자율성이 늘어나고, 주도성이 자라나는 시기로 이해했답니다. 2~3세에는 아이의 자율성이 자라요. 아이는 양육자와 자신이 독립된 존재임을 받아들이고, 자기 방법과 속도대로 행하고자 하는 자율성을 마음껏 발휘하려고 시도하죠. 이때 양육자가 거부나 비난 없이 아이의 다양한 호기심을 수용하고 격려해주면, 아이의 자율성이 꽃피울 수 있답니다. 자율성이 잘 자리 잡은 아이는 자기 일을 스스로 해가려는 의지를 획득합니다. 따라서 이 시기에는 아이가 자율성을 잘 형성할 수 있도록 적절한 도움을 줘야 해요. 아이의 시도가 무작정 거부당하지 않을 만한 거실 환경을 조성하거나, 아이의 요구 사항을 긍정적으로 이해하려는 태도가 바람직하답니다.

자율성을 획득하는 시기가 지나면 5세까지 주도성을 발휘하는 시기가 찾아와요. 자신감을 가지고 과업을 해결하고자 노력하며, 그 과정을 통해 자기 정서를 조절하는 법을 배우기 시작하지요. 이때 사회성도 발달하면서 도덕성, 규칙 수용 등에 대해서도 익혀나가요. 양육자는 아이의 주도성과 사회성이 균형 있게 발달할 수 있도록 관심을 기울여야 합니다. 양육자가 아이의 주도적인 면모를 수용하고 발달시킬 환경을 조성하기 위해 노력한다면, 아이는 만족감과 성취감을 얻고 목표 지향적인 활동에 참여하게 되지요.

안정된 애착을 형성하는 영아기를 지나면 자율성과 주도성을 획득하는 유아기가 찾아옵니다. 이때부터 양육자와 자녀의 힘겨루기가 시작됩니다. 아이의 때 묻지 않은 창조성이 적극적으로 발휘되는 시간이자 동시에 양육자의 끝없는 인내심이 요구되는 때이기도 해요. 내 아이의 이해되지 않는 행동에 '자율성과 주도성의 열쇠'를 갖다 대보세요. 내 아이가 지금 쟁취하려고 하는 인생의 과제는 무엇인지 '아이 행동 이면의 욕구'를 들여다보세요. 이해되지 않던 내 아이의 행동이 목적 지향적인 유의미한 행동으로 해석될 거예요. "분홍색 색종이만 쓸 거야"라는 아이의 말에 자율성을 갖다 대면 "난 이게 좋아"라는 취향 선언으로 이해가 되고요. "내가 먼저 할 거야"라는 아이의 말에 주도성의 열쇠를 갖다 대면 "나도 할 수 있어"라는 자신감으로 전환되지요. 이유 없는 아이의 행동은 없답니다. 다만 어른인 우리가 그 이유를 모르거나, 그것을 인정하고 싶지 않을 뿐이에요.

내 아이의 자율성과 주도성에 화가 나거나 힘이 빠지면, 크게 심호흡하고 머릿속으로 이렇게 되뇌어보는 건 어떨까요? '지금 이 아이는 자기 나이에 맞는 발달 단계를 정상적으로 지나고 있군.' 잘 자라고 있는 아이와 아이를 이해하기 위해 노력하는 나를 칭찬해주세요. 아이도 당신도 아주 잘하고 있어요.

2장

부모의 언어를 배우다

아이가 한두 살 때까지는 "가능한 한 아이가 원하는 대로 해줘라"라는 육아 전문가의 조언을 따라 하루 24시간을 아이들의 눈높이에 맞춰 움직였다. 일상이 순풍에 돛 단 배처럼 흘러가는 듯했다. 하지만 아이가 두세 살이 되자 순조롭던 나의 육아는 높다란 현실의 벽에 탁 부딪혔다. 아는 것도 하고 싶은 것도 많아진 아이들의 모든 욕구를 현실적으로 다 들어줄 수 없었다. 그렇다고 매번 "안 돼"라고 거절하면 아이들은 뒤집어졌다. 그 모습에 내 머릿속도 새하얘졌다. 본인이 원하는 대로 되지 않으면 할 말을 잃어버리고 화부터 내는 엄마와 두 딸이었다.

아이와 건강한 대화를 나누고 싶었다. 그래서 '부모 대화법'을 주제로 한 책을 읽고 강의를 들으며 아이에게 어떻게 말해야 하는지 공부했다. 눈으로 읽고, 손으로 쓰고, 중얼거리며 연습했다. 잘 실천할 수 있다는 자신감도 쌓았다. 그렇게 이론을 바탕으로 한 나만의 세 가지 원칙을 세웠다. 첫 번째, 아이의 말을 경청하고 감정을 수용하라. 아이의 감정을 판단하지 않고, 있는 그대로 인정한다. 두 번째, 양육자의 욕구를 알아차려라. 지금 내가 원하는 것이 무엇인지만 알아차려도 아이와 나의 상황이 분리되어 객관적으로 보인다. 셋째, 아이에게 선택권을 주어라. 안 되는 것은 분명하게 안 된다고 이야기하되 아이가 할 수 있는 다른 선택지를 제시한다.

열심히 배워 실전 원칙까지 만들었지만 실제 상황에서 실천하기가 어려웠다. 아이의 감정을 수용하라는 첫 번째 원칙부터 막혔다. 나는 집 안 곳곳에 적어둔 공감의 말을 꺼내지 못했고, 기껏 해도 아이가 나의 말을 거부했다. 무엇이 문제였을까? 진심이 아니었다. 나의 진짜 감정은 덮어두고 '좋은 엄마'라는 가면을 쓴 채 아이에게 "그래그래" 하며 거짓으로 공감하니, 아이가 싫어할 수밖에 없었다. "이럴 때는 이렇게 말하세요"라는 전문가들의 조언을 앵무새처럼 따라 말하기 전에 답답하고 어려운 내 마음부터 공감해야 했다.

내 몸에 익숙하게 새겨진 비공감의 언어를 비워내고, 새로운 문장을 채워 넣어 다시 나의 입으로 뱉어내기까지 여러 내적 갈등이 잇따랐다. 철저하게 홀로 남은 고독한 육아 현장에서 아이가 비추는 나의 내면의 어두운 그림자를 직시하고 덜어내는 과정이었다. 제대로 사용한 적 없는 근육을 건강하게 키우기 위해선 약간의 고통이 따르듯, 제대로 사용한 적 없던 말을 건강하게 사용하기 위해선 배우고 덜어내어 다시 채우는 수고로움이 필요했다.

이번 장에서는 내가 2~5살 쌍둥이 두 딸에게 자주 했던 말과 아이와의 건강한 의사소통을 방해한 나의 심리 장벽을 짚어보고, 육아 현장에서 활용한 공감 대화법을 소개한다. 부모의 언어를 배울수록 나의 입장을 해석해내는 언어가 다양해지고 감정의 결이 섬세해졌다. 나의 욕구를 더 잘 알아차리게 되었고, 아이의 말 뒤에 숨은 욕구를 읽어내는 시간도 점점 빨라졌다. 아이를 위한 공감의 말이 나를 위한 약이 되기도 했다. 때론 아이와 대화를 주고받다가 수직적인 부모 자식 관계가 아니라 대등한 인격체로 대화하는 느낌이 들어 놀란 적도 있다.

처음에는 100번 중 99번 실수한다. 실수하고 실수하다 어쩌다 한 번 성공한다. 어쩌다 한 번이 어쩌다 두 번이 된다. 두 번이 세 번이 되고, 열 번이 된다. 시작은 실패뿐이지만, 그렇게 성공의 경험이 조금씩 쌓여간다. 1년이 지나고 10년이 지나 뒤돌아보면 분명 "그때 부모의 언어를 배우기를 잘했어"라고 말할 것이다.

“이를 안 닦으니까 충치가 생기지”

세 살 두 딸의 구강검진 날, 걱정하던 일이 닥쳤다. “아이들 둘 다 충치가 너무 많아요. 연이는 수면 치료를 해야 하고, 은이는 일단 웃음가스 치료부터 시도해볼게요.” 치료가 비교적 간단한 은이 먼저 진료용 의자에 누웠다. 은이의 손을 어루만지며 다른 한 손으로는 은이의 몸을 다독였다. 치료는 아이가 받는데 내 등에서 식은땀이 흘렀다.

다음 날은 연이의 수면 치료가 진행됐다. 이상한 맛이 나는 약을 먹고 축 처진 연이를 치료실 침대에 눕히고 나는 대기실에서 기다렸다. 한 시간쯤 지나자 선생님이 연이를 안고 나왔다. 그런데 아이의 입술이 통통 부어 있었다. 많은 충치를 치료하다 보니 그렇게 되었단다. 아이 입안을 다 헤집어놓은 의사와 간호사에게 화가 났지만, ‘아이 칫솔질도 제대로 해주지 않은 엄마, 한 숟가락이라도 더 먹이려고 욕심부리다가 아이 이를 썩게 만든 엄마'라는 자책이 나를 무겁게 짓눌렀다. 연이는 입안이 퉁퉁 부어 며칠간 밥도 제대로 못 먹었다. 식사 후 어금니 쪽 양치질을 해줄 때는 "이를 안 닦으니까 충치가 생기지"라는 나의 단호함에 입을 벌리기는 했지만, 온몸을 움츠리며 힘들어했다. 연이의 칫솔 공포증은 몇 달간 이어졌다.

충치는 누구의 탓도 아니야

치료가 끝난 아이에게 뭐라고 말해줘야 할까? 내가 어떤 마음으로 무슨 말을 해야 충치는 '이 안 닦은 대가'라는 죄책감이 아니라 '성실하게 이 닦기'라는 안내의 말만 남길 수 있을까? 어린이 심리치료사 하임 기너트Haim G. Ginott의 교육 심리학에 의하면, 부모는 아이에게 규칙을 가르칠 때 아이가 굴욕감을 느끼지 않고 배울 수 있도록 주의해야 한다. 아이의 행동을 비판하지 말고, 아이가 할 수 있는 해결책을 알려주며 이끌어주라는 의미이다. 양치질을 자주 하지 않고, 밥을 오래 물고 있었던 일은 이미 지나간 과거이니, 지금 여기에서 무서움을 이겨내고 치과 진료를 잘 받은 아이에게 "충치 치료 용감하게 잘 받았네"라며 아이의 노력을 인정해주면 그만이었다. 그리고 일상에서는 "우리 양치질하러 가자. 자기 전에 양치질을 꼼꼼히 해야 이가 건강하대", "우리 밥 꼭꼭 씹어 먹자. 밥을 입에 물고 있으면 충치가 생길 수 있대"처럼 해야 할 일과 그 이유만 간단하게 말해주면 될 일이었다.

논리적으로는 간단한데, 이 말이 쉽게 나오지 않았다. 잠자기 전 양치질을 귀찮아하는 아이를 볼 때마다 '내가 아이의 치아를 제대로 관리해주지 않았다'는 생각에 마음이 괴로웠다. 자책을 견디다 못해 아이에게 "이를 안 닦으니까 충치가 생기지. 양치질 안 하면 치과 간다!"라며 불쑥 화를 냈다. 습관적으로 밥을 물고 있는 아이에게 "얼른 씹어서 삼켜. 지금 세균이 네 이를 다 뚫고 있어. 밥 물고 있으면 치과 간다!"라고 겁을 주었다. 나의 무의식이 죄책감을 아이에게 던져버린 것이다. 이렇게 스스로 감당하기 어려운 감정을 다른 사람에게 돌려버림으로써 자신은 그 감정에서 빠져나오는 것을 심리학 용어로 '투사'라고 한다. 삼키지 못한 말들은 기어코 튀어나와 아이를 울렸고, 꿀꺽 삼킨 말들은 속에서 곪아 나를 썩게 했다.

연이 입안에 생긴 충치의 가장 큰 원인은 밥을 오랫동안 물고 있는 습관이었다. 나는 이 습관이 충치를 만드는 지름길이라는 사실을 몰랐다. 그저 밥 한 숟가락이라도 더 먹이고 싶어서 내가 "한 입만 더"라며 아이 입안에 떠 넣어주다가 아이에게 나쁜 습관을 심어주고 만 것이다. 이제부터 아이가 꼭꼭 씹어 먹는 좋은 습관을 지닐 수 있도록 안내해주면 되는데 '나는 나쁜 엄마야'라는 과한 죄책감으로 스스로 벌을 주느라 아이를 돌보지 못했다. 죄책감으로 무거워진 몸은 도리어 아이와 아무것도 할 수 없을 지경의 무기력으로 돌아왔다.

나는 문제가 생기면 '원인을 찾는다'는 이유로 책임을 따졌다. 원인을 밝혀야 앞으로 개선할 수 있으리라는 믿음 때문이었다. 그러나 지나치게 책임을 묻는 태도는 개선이 아니라 질책이 되기 일쑤였다. 격려하고 힘을 주기보다 잘못된 점을 꼬집어 비난했다. 육아하며 겪는 문제들은 더욱 그러했다. 어려운 일이 닥치면 습관적으로 이유를 탐색했고, 원인은 나, 남편 또는 아이였다. 폭탄 돌려 막기를 하듯 원인 제공자를 찾았다.

나의 마음을 알아차린 후에는 아이와 밥을 먹거나 양치질할 때마다 속으로 말했다. "괜찮아, 충치 좀 생길 수 있지. 그게 뭐 그리 대수라고 이렇게 의기소침한 거야. 어차피 빠질 유치인데 지금부터 건강하게 관리하면 돼." 나의 목소리에 내 속에 웅어리진 죄책감이 고개를 들고 되물었다. "정말? 그거 다 내 탓이잖아. 애를 제대로 챙겼어야…." 그럴 때마다 스스로 위로했다. "아니야, 그거 다 내 탓 아니야. 그럴 수 있는 일이야."

양치질의 중요성을 배울 절호의 기회

부모 교육자 하임 기너트가 제안한 '굴욕감을 주지 않고 아이에게 안내하기'는 나의 불필요한 죄책감을 알아차리고 털어버린 후에야 자연스럽게 실천할 수 있었다. '유치는 원래 잘 썩는다. 양치질은 원래 좀 귀찮다. 양치 후의 개운함을 알기엔 아이들이 아직 어리다. 내 이 닦는 것도 귀찮은데, 싫다는 아이를 붙들고 양치질을 돕는 것은 나에게도 힘든 일이다.' 이렇게 인정하고 나니 마음이 좀 편했다. 충치 치료를 할 수 있는 상태여서 감사했고, 힘들지만 치료를 잘 받은 아이들이 대견했으며, 힘든 아이들 곁을 묵묵히 지킨 내가 기특했다.

먼저 아이에게 "충치가 생길 수도 있다"라고 가벼운 마음으로 말했다. 더 이상 지나가버린 충치 치료 현장에 발목 잡히고 싶지 않았다. 다음으로 치아 건강에 대해 몰랐던 사실을 이제 알았으니 기꺼운 마음으로 실천하자며 아이를 독려했다. 양치질이 귀찮다는 아이 말에 고개를 끄덕이면서 "엄마도 너무 귀찮아서 양치질을 안 했더니 충치 왕국이 엄청나게 생겼어"라며 내 입안을 구경시켜주었다.

나를 뒤흔들었던 충치 치료 사건 후 2년이 흘렀다. 이제 아이들은 저녁 양치질 후에는 음식을 먹으면 안 된다며 가장 좋아하는 아이스크림도 참는다. 두 시간이 걸리기도 했던 식사 시간도 30분 이내로 줄었다. 나도 달라졌다. 밥을 입에 물고 멍하게 생각에 잠긴 아이의 눈을 마주 보며 "꼭꼭 씹어 먹자. 배부르면 그만 먹어도 돼"라고 말한다. 물론 그런 모습을 보면 화가 날 때도 있다. 그럴 때는 내가 지금 무엇을 바라는지 먼저 생각한다. 만약 아이가 밥을 꼭꼭 씹어 먹기를 원하는 거라면 "밥 먹자"라며 내가 원하는 바를 말한다. 얼른 식탁을 정리하고 쉬고 싶은 거라면 "정리할 시간이 다 되었어. 엄마가 좀 피곤해서 바닥에 누워 있을 테니, 혼자 마저 먹어. 5분 뒤에 정리한다"라고 말한다. 예전에는 아이들 양치질 생각만으로도 어깨에 담부터 내려왔는데, 요즘은 거울 앞에 서서 칫솔을 위아래로 움직이는 아이들을 보면 웃음이 난다. 더 놀다가 양치질할 거라는 아이에게 고개를 끄덕여 보이는 여유도 생겼다.

충치가 생기면 치료하면 된다. 충치가 왜 생겼는지 책임을 추궁하는 것은 문제를 해결하는 데 도움 되지 않는다. 충치 치료는 양치질을 더 꼼꼼하게 잘 해낼 기회다. "충치가 생겼으니 치료하자. 건강한 치아를 위해 양치질을 하자"라고 덤덤하게 말하면 그만이다.

"너 때문에 엄마가 큰소리쳤잖아"

아침 7시 20분. 곤히 잠든 아이들의 머리카락을 쓸어 넘기며 아이들을 깨웠다. 아이들은 눈을 슬쩍 뜨고 기지개를 펴고는 다시 눈을 감았다. 시곗바늘이 7시 30분을 향해가고 있었다. 두 아이를 어르고 달래며 양치질, 세수, 용변, 머리 묶기를 서둘렀다. 아이들은 이 와중에 "이 책 읽어줘, 이거 읽고 할래" 하며 나의 애를 태웠다. 엎친 데 덮친 격으로, 주차장으로 걸어가는 도중 연이가 "난 세상에서 가장 천천히 걸어갈 거야"라고 말하며 1cm 보폭으로 걸었다.

어린이집으로 향하는 차 안, 꾹 참아온 압력이 터져버렸다. "엄마가 빨리 준비하라고 했지. 시간이 없다고 시간이! 책 읽고 싶으면 깨울 때 빨리 일어나든가, 천천히 걷고 싶으면 빨리 일어나든가. 앞으로는 엄마가 서두르자고 하면 좀 서둘러! 알았어? 엄마는 출근 시각이 정해져 있단 말이야!" 내 입에서 비난과 질책이 쏟아졌다. 1절만 하고 말지… 7절, 8절까지 읊었다. 아이들은 평소와 사뭇 다른 온도로 차에서 내렸다. 풀이 죽은 아이들의 모습을 보니 아침부터 너무 크게 화를 냈다는 생각에 무안해져 괜히 한마디를 더했다. "그러니까 내일부턴 빨리 준비해. 너 때문에 엄마가 큰소리쳤잖아."

아이들은 어린이집 안으로 들여보내고 문을 나서는 순간, 번뜩 정신이 들었다. 이왕 삼킨 거 끝까지 삼키지, 어쩌자고 다섯 살 아이에게 그렇게도 무자비하게 쏟아내었을까. 거기다가 너 때문에 엄마가 큰소리쳤다니…. 내가 내 감정을 조절하지 못하고 아이에게 화를 퍼붓고는, 그 죄책감을 혼자 해결하지 못해서 도리어 아이 탓으로 돌려버렸다. 당장 어린이집으로 뛰어 들어가 "엄마가 큰소리쳐놓고 네 탓이라고 변명해서 미안해"라고 사과하고 싶었다.

누구나 실수한다

'실수'의 사전적 의미는 '조심하지 아니하여 잘못함, 또는 그런 행위'이다. 우린 누구나 실수한다. 알고도 하고 모르고도 한다. 조심하려고 했지만 의지대로 되지 않기도 하고, 조심하려는 마음을 품을 여력이 없어 저지르기도 한다. 실수하고 나면 후회가 잇따른다. '왜 그랬을까'라는 익숙한 생각이 밀려온다. 이불을 차며 곰곰이 되짚다가 '지난번에도 그래 놓고 또 그랬어' 하며 자책한다. 자책하는 것은 아픈 일이기에 '내가 그렇지 뭐' 하며 수치심의 땅굴로 들어가기 십상이다. 반대로 다른 이에게 화살을 돌릴 때도 있다. '네가 그래서 그랬지'라며 남 탓을 하고, 내 마음속 죄책감을 상대에게 투사한다.

아침에도 그랬다. 아이에게 고함을 지르면 아이는 공포심에 사로잡혀 배워야 할 것을 제대로 배우지 못한다는 것을 충분히 알고 있으면서도 내 감정에 못 이겨 고함을 질렀다. 그 순간 머릿속에 빨간불이 켜졌다. 아차, 실수했다. 아이와 갈등이 생겼을 때 누가 더 잘못했느냐를 따지지 않아야 한다는 것도 알고 있었다. 아이도 부모도 각자의 입장을 헤아려보면 이해하지 못할 일은 없다. (더 솔직하게는 아이가 아니라 어른인 양육자가 배려해야 할 일들이 조금 더 많다.) 그런데도 내 감정에 못 이겨 아침부터 아이를 비난했다. 터져 나온 비난의 말에 부끄러움을 참지 못하고 또다시 아이를 나무랐다.

나의 실수를 건강하게 받아들이지 못하는 태도는 도리어 아이를 아프게 만들었다. 나를 향한 비난이 아이를 향한 비난으로 바뀌었고, 내 안에서 정리되지 못한 감정들이 아이를 공격했다. 멈춤이 필요한 순간이다. 누구나 실수하고, 실수를 통해 배워간다. 이 사실을 마음으로 받아들일 타이밍이다.

수용으로 시작하는 회복탄력성

'수용'은 '판단하지 않고 어떤 것을 받아들인다'는 의미이다. 참 좋은 말인데, 실천이 어렵다. 받아들이기 전에 왜 그랬을까 이유를 따지고 시시비비를 가린다. 이상적인 모델을 세워두고 그대로 하지 못하는 나와 타인의 일부를 잘라내어 조각한다. 옳고 그름을 따지다 보면 상황을 있는 그대로 받아들이기가 어렵다. 누가 맞고, 누가 틀렸느냐를 묻다가 본질과는 점점 멀어지고, 이미 일어난 일에 집중하느라 지금 여기에서 할 수 있는 것들을 놓친다.

한때 부모들 사이에서 회복탄력성이 화두였다. 아이에게 실패를 딛고 일어나는 힘을 길러주기 위한 다양한 방법들이 많이 소개되었다. 제 뜻대로 되지 않아 속상해하는 아이 곁에 머무르며 말했다. "그럴 수 있어. 엄마도 그럴 때가 많아." 회복탄력성은 수용하는 태도에서 시작한다. 실수나 실패를 있는 그대로 인정하는 마음이다. 누구나 그럴 수 있고 일어날 수 있는 일이며 그럴 만하다는 마음은 자신을 향한 너그러움이기도 하다. 이 넉넉한 마음을 나에게도 적용할 차례이다. 하원 후 돌아온 아이에게 "아침에는 엄마가 화를 못 참았어. 아침부터 큰소리쳐서 미안해"라고 마음을 담아 사과했다. 그러고 나서 "아침에는 엄마가 마음이 조급해져서 쉽게 화가 나. 앞으로는 10분 더 일찍 일어나서 준비하자"라며 아이를 꼭 안아주었다. 아이는 고개를 끄덕이며 "엄마, 괜찮아. 다음엔 크게 말하지 마. 나 무서워. 내일은 10분 일찍 일어날게"라고 말했다. 어른보다 성숙한 아이의 말에 울컥했다.

양육자도 실수할 수 있다. 우린 신이 아니다. (신도 육아한다면 비슷한 실수를 저지를지도 모른다. 그러기에 육아를 인간에게 맡기지 않았을까?) 죄책감이 나를 좀먹으려 할 때에는 고개를 들고 그냥 "엄마가 화내서 미안해"라고 말하자. 이미 엎질러진 물을 어쩌겠는가. 자책하거나 탓하지 않고 나의 실수를 있는 그대로 인정하며 스스로 용서하면 된다.

오늘, 아이에게 큰소리쳤다면 그런 나를 수용하자. 그럴 수 있다. 괜찮다. 나의 몸과 마음이 많이 고단했던 거다. 고함에 놀랐을 아이에게 사과하고, 불안한 나를 좀 다독여주자. 오늘, 아이가 내 뜻대로 빨리빨리 움직여주지 않는다면 그런 아이를 수용하자. 그럴 수 있다. 괜찮다. 아이도 뭔가를 마음껏 하고 싶었던 거다. "엄마가 마음이 바쁘고, 몸이 피곤하니 네가 엄마를 좀 도와줘"라며 아이에게 말을 건네자. 후회만 하고 지나간다면 죄책감의 악순환에서 빠져나올 수 없다. 후회를 넘어서 새로운 환경을 만든다면 속도는 느릴지언정 육아의 선순환에 올라탈 수 있다. 회복탄력성을 억지로 키우지 않아도 된다. 특별한 방법이 필요 없다. 아이는 '자기 실수를 인정하는 용기 있는 부모'를 닮아간다. 있는 그대로 수용하는 부모의 모습을 바라보며 아이의 회복탄력성은 저절로 자란다. 엎지른 물을 닦아내고 빈 컵에 시원한 물을 따르는 용기. 우리에게 필요한 마음이다.

“언제 잘 거야, 제발 좀 자”

아이들이 네 살 때 어린이집 등원을 시작했다. 어린이집은 등원 시각 아홉 시부터 일과가 짜여 있다. 초등 교사로 근무하며 정해진 대로 제때 일과를 시작하는 것이 단체 생활에서 중요하다고 생각했기에, 아이들을 9시까지 등원시키는 게 매일 아침의 목표였다.

안 자고 싶은 아이와 재워야 하는 엄마의 실랑이가 시작됐다. 다음 날 아이가 제 시간에 등원하려면 저녁 아홉 시에는 잠자리에 누워 열 시 전에 잠들어야 했다. 충분한 수면 시간을 확보하기 위해서라도 꼭 필요한 일이었다. 더 놀고 싶어 하는 아이는 다양한 기술을 선보였다. “물 마실래, 화장실 갈래” 같은 고전적인 방법에서 “책 한 권 더 읽어줘”라는 지능적인 요구를 지나 “왜 자야 해?”라는 근본적인 질문까지 던졌다. 겨우 아이를 잠자리에 눕혀도 아이가 잠들 때까지 기다리기가 힘들었다. 내 손은 책의 다음 페이지를 넘기고 내 입은 책 속 문장을 읽는데, 내 머릿속은 '언제 잘래, 제발 자라'로 가득 찼다. 고요한 전쟁이었다. 아이들이 "한 권 더"를 말할 때마다 아이들을 재우고 내가 읽으려던 책 한 페이지가 날아갔다. "엄마 그런데…"라며 조잘거릴 때마다 혼자만의 시간이 1분씩 날아갔다. 아름다운 잠자리 독서의 풍경은 물 건너갔다.

불을 탁 끄면 바로 잠들 텐데 아이들은 깜깜하면 무섭다고 불 끄기를 거부했다. 그 말이 진심으로 느껴져 단호하게 불을 끄지도 못하고 스탠드를 최소 밝기로 유지했다. 설상가상으로 두 아이가 피곤하다며 투덜거리면 난 폭발하기 일보 직전 상태가 되었다. 오죽하면 아이들 하원 후 육아의 첫 번째 목표가 '오늘 밤은 조용히 잠들게 해주세요'였을까.

잠자리 전쟁이 시작되다

아이를 재울 때 나의 상태를 관찰했다. 육아 전문가의 단순한 조언인 "아이들이 자려고 하지 않을 땐 '자야 할 시간이야'라고 분명히 말하세요"를 따라 하기가 어려웠다. 격한 감정을 배제하고 따뜻하지만 단호한 한마디를 내뱉어야 하는데 목구멍에서부터 감정이 막혀 말이 나오지 않았다. 아이가 상황에 맞게 자기 욕구를 조절하는 법을 배우기 위해서는 나부터 아이를 부당한 권위로 휘두르려고 해서는 안 되었다. 지혜로운 양육자로 행동하기 위해 나의 감정과 욕구부터 읽어내고 상황에 맞게 조절해야 했다.

나의 마음을 들여다보았다. 수면 교육의 최우선 원칙이 '재우는 사람의 편안한 마음'인데, 그것부터 무너졌다. 해야 하는 집안일과 하고 싶은 나만의 일, 처리하지 못한 과거의 감정이 뒤섞여 내 마음이 '지금 여기'에 머무르지 못했다. 먼저, 집안일을 적당히 내려놓아야 했다. 집을 당장 말끔하게 치우지 않아도 개의치 않을 마음의 여유가 필요했다. 아이가 잠들고 나면 집안일은 내일로 미루고 내가 하고 싶은 일을 먼저 하자고 스스로 달랬다.

다음으로 아이가 편안하게 잠들도록 도와주는 양육자의 언어 경험이 부족했다. 나는 어릴 때 늦게 자려는 마음을 수용받거나 늦게 자는 행동을 속 시원히 허락받은 기억이 없다. (물론 부모님은 아니라고 하실 테지만 어린아이의 관점에서 말이다.) "더 놀고 싶지? 엄마도 그래"라며 내 마음을 공감받은 적이 없기에 더 놀고 싶은 내 아이의 마음에도 편안하게 공감할 수 없었다. "자야 할 시간이야"라는 말 뒤에 해묵은 감정의 골이 깊게 패어 있었다. "잘 시간이면 그냥 자면 될 일이지. 왜 이렇게 힘들게 해. 빨리 자리에 누우라고 했지!" 나의 단골 대사는 아이가 올바른 생활 습관을 기르도록 도와주는 말이 아니었다. 처리되지 못한 욕구와 묵은 감정으로 오염되어 있었다.

내 마음을 읽으니 말이 나온다

내 마음에 공감하는 것과 양육자로서 아이에게 행동 규칙을 알려주는 것을 구분했다. 내 마음이 괴롭다고 아이까지 괴롭게 만들 수는 없지 않은가. 나는 엄마로서 할 말만 하면 된다고 첫 발자국을 뗐다. "자야 할 시간이야"라는 일곱 글자를 흰 종이에 큼직하게 써서 침대 맞은편 벽에 붙였다. '난 어떤 상황에서도 출력값을 뱉어내는 로봇이다'라고 주문을 외웠다. 침대에서 폴짝거리며 뛰는 아이들 옆에서 이불을 정리하며 "자야 할 시간이야"라고 말했다. 책 한 권 더 들고 오는 아이에게 "자야 할 시간이야"라고 말했다. 벌떡 일어나 화장실을 다녀올 거라는 아이에게 "그래, 다녀와. 자야 할 시간이야"라고 말했다. 머릿속에선 온갖 비난과 권위의 말이 뒤섞이고, 마음속에서는 서러움이 복받쳤다. 하지만 참지 못하고 뱉어낸 후를 상상하면 몸서리가 쳐졌다. 온 힘을 다해 반사적으로 튀어나오는 말을 삼켰다.

때로는 '집안일을 걱정하느라 노래 한 곡도 편하게 듣지 못하는 엄마인 나'와 '저녁 아홉 시만 되면 방으로 들어가야 했던 어린 나'가 안쓰러워 눈물도 났다. 하지만 나의 감정은 나의 것. 처리되지 못한 나의 해묵은 감정 때문에 아이에게 "네가 안 자니까 엄마가 힘들잖아. 빨리 침대로 와!"라고 말하고 싶지 않았다. 아이들이 잠잘 준비를 하면서 '내일을 위해 오늘을 마무리하는 슬기로운 방법'을 배울 수 있기를 바랐다.

나의 속마음에 공감을 시작하니 잠자기 아쉬운 아이의 마음이 보였다. 화장실을 다녀온 아이들에게 "연아, 은아. 잠자기 싫어?"라고 물었다. "응! 엄마랑 더 많~이 많이 놀고 싶어!" "나는 그림도 다 못

그렸고, 종이접기도 다 못했단 말이야~ 엄마 조금만 더 놀다가 자면 안 돼?" 나의 양 팔에 매달린 두 딸의 애교에 웃음이 터졌다. 그러자 "자야 할 시간이야"라고 아이들에게 말하기가 더 편안해졌다. "그래, 엄마도 알지. 근데 우리 내일 아홉 시에 등원하려면 열 시에는 불을 꺼야 해. 더 놀다가 오면 엄마랑 책은 조금만 읽고 자야 해. 엄마는 열 시에는 잘 거거든." 내 대답에 고개를 갸웃거리던 아이들이 대답했다. "아니, 엄마! 그냥 책 읽고 열 시에 잘래. 우리 더 많이 읽고 자자."

잠자리 전쟁은 아직도 진행 중이다. 아이들은 여전히 더 놀고 싶고, 난 5분이라도 더 일찍 재우고 싶다. 안 잘 거라는 아이들을 보면 여전히 화날 때가 있다. 하지만 아이들과 처음 잠자리 전쟁을 시작했던 2년 전과 비교하면 아이도 나도 달라졌다. 아이들은 저녁 열 시가 내일을 위해 잠잘 시간이라고 받아들였다. 놀고 싶은 마음, 책 읽고 싶은 마음을 조절하여 상황에 맞게 행동하려 노력한다. 나도 내 마음이 힘들 때면 '몸이 피곤해서인지, 할 일이 있어선지, 해묵은 감정 때문인지' 분별하는 힘이 생겼다. 아이를 재우려다 여러 생각에 가슴 한편이 아플 때면 잠시라도 눈을 감고 심호흡하며 나를 들여다본다.

"자야 할 시간이야"라는 심플한 한마디를 심플하게 내뱉는 데 1년의 세월이 걸렸다. 두꺼운 육아책에서 짧은 몇 문장으로 알려준 그 지침을 자연스럽게 말하기까지 많은 것을 통과해야 했다. 어떤 이들은 "가르쳐준 대로, 아는 대로 하면 되는데 뭐가 그렇게 어려워?"라고 물을지도 모르겠다. 배운 대로, 아는 대로 다 실천할 수 있다면 얼마나 좋을까. 그래서 그 많은 미디어 속 육아 전문가들이 비슷한 조언을 수도 없이 남기나 보다. 글을 쓴 오늘 밤은 어떨까. 아이들의 감정에 휩쓸리지 않기를, 나의 욕구를 솔직하게 들여다보기를 바랄 뿐이다. 오늘도 굿나잇.

“ 넌 매번 네 마음대로야 ”

“불 끌 거야.” “안 돼, 책 읽고 꺼.” 두 딸의 논쟁이 시작됐다. 나는 피곤해서 얼른 책 읽고 자고 싶은데 두 아이의 다툼에 잠자는 시간이 늦춰지니 머릿속에 주황색 경보가 켜졌다. “그만. 연이는 왜 자꾸 불을 끄려는 거야?” 이유가 궁금해서 물은 건 아니었다. 이제 실랑이를 그만하자는 뜻이었다. “난 책 안 읽고 싶어. 그냥 잘 거야.” 연이의 대답에 한숨이 절로 나왔다. 5년 넘게 잠자리에서 책을 읽는 동안 연이 입에서 “책 안 읽고 잘래”라는 말이 나온 건 처음이었다. 책 한 권만 더 읽고 자자며 매일 밤 조르던 연이가 책을 안 읽고 싶다고? 진짜 그런 게 아니라 그냥 자기 싫어서 장난을 치는 게 뻔했다. 이래 놓고 내가 불을 끄면 1분도 안 되어 불 켤 거라며 조를 텐데 어차피 다시 켤 불을 왜 끈담? “안 돼. 은이는 책 읽고 싶대. 몇 권 읽을지 정해서 다 읽고 불 끄자." 애꿎은 은이 핑계를 댄 것 같지만 이것도 사실이었다. 은이는 잠들기 전 엄마랑 책을 읽는 자기만의 루틴을 꼭 지켜야 편안하게 잠든다. 그걸 지켜주지 않으면 난리 난다. 고로 평소처럼 책 몇 권 읽고 불을 끄는 게 내 속이 편했다.

"싫어. 불 끌 거야. 책 안 읽어." 연이는 전등 스위치 앞에 서서 불을 껐다 켰다 하기 시작했다. 역시 내 생각이 맞았다. 연이는 졸려서가 아니라 장난치려고 불을 끄는 것이었다. 깜빡거리는 전등 불빛에 속이 끓었다. 피곤해서 얼른 책 한 권 읽고 자고 싶은 내 눈에는 이 상황이 '잠자기 싫어서 장난치는 연이'와 '책 읽고 자려는 은이'의 다툼으로만 보였다.

왜 지금 불을 끄고 싶어?

이럴 때 쓸 만한 육아책 속 해결책을 떠올려봤다. "행동에 한계를 주세요." 나는 불을 끄지 말라고 분명 한계를 줬는데 아이는 자꾸 껐다. 불 끄는 아이를 몸으로 막아서면 다섯 살 딸이랑 서른여섯 살 엄마랑 몸싸움을 벌일 판국이었다. "미리 약속을 정하세요." 5년이 넘도록 잠자리 독서를 자연스럽게 했다. 약속하지 않아도 숨 쉬듯 이어온 일상이었기에 약속을 정할 겨를도 없었다. 이미 감정적으로 격해진 상황에서 약속을 정할 수도 없는 노릇이다. 상황을 해결할 방도가 떠오르지 않으니 모든 불화의 화살은 평소와 다르게 행동하는 연이에게로 향했다. "넌 매번 네 마음대로야! 그냥 하던 대로 하라고!" 꾹 참았던 말이 툭 튀어나왔다.

"넌 너무 나태해, 그 사람은 계산적이야" 같은 말은 자기 가치관과 다르게 행동하는 사람의 인격을 나쁘거나 틀렸다고 판단하는 태도에서 나온다. 이러한 형태의 대화는 우리의 사고를 경직시키고, 상황 해결을 더 어렵게 만들 뿐이다. 난 평소처럼 행동하지 않는 연이에게 '자기 마음대로 행동하는 이기적인 사람'이라고 딱지를 붙였다. 아이가 그렇게 행동하는 이유에 대해서는 '제멋대로니까 그렇지'라며 자의적으로 판단해버리고 묻지도 않았다. 나는 생각만으로 그쳤어야 할 "넌 매번 네 마음대로야!"라는 말을 기어이 입 밖으로 내뱉고 난 후에야 정신을 차렸다. 아뿔싸. 연이는 "책을 안 읽고 싶어서 불을 끈다"라고 대답했지 '책을 읽고 싶지 않은 이유'를 말하지 않았다. 상황을 수습해야 했다. 상황을 제대로 관찰하고 나니 머릿속이 새하얘져서 아이에게 미안하다는 말도 바로 할 수가 없었다.

"왜 지금 책 안 읽고 싶어?" 감정이 채 가라앉지 않아 떨리는 목소리를 가다듬으며 연이에게 물었다. "선생님이 일찍 자고 일찍 일어나라고 했어. 그래야 내일 유치원에 시간 맞춰서 올 수 있다고. 그러니까 책 안 읽고 일찍 자야 해." 연이가 내 눈을 지그시 바라보며 대답했다. 전혀 예상하지 못한 답변이었다. "연이는 일찍 자고 일찍 일어나서 시간 맞춰 유치원에 가고 싶었구나." 자기 마음을 읽어주는 엄마의 말에 연이가 힘차게 고개를 끄덕였다. 아이의 기준에선 책을 읽지 않고 잠자리에 들어야 선생님이 가르쳐주신 대로 일찍 자고 일찍 일어날 수 있었다. 당당하게 불을 끄며 미소 짓던 연이는 엄마를 약 올리려는게 아니라 선생님과의 약속을 지켜 뿌듯했던 것이었다. 나는 진심을 담아 "엄마가 연이 마음도 모르고 나쁘게 말해서 미안해"라고 사과했다. 연이는 괜찮다며 앞으로 엄마도 조심해달라고 부탁했다.

책을 읽고 자고 싶은 은이, 일찍 자고 싶은 연이, 아이들이 해오던 대로 하기를 원했던 나. 세 사람의 입장 차이가 분명해지니 협상할 여지가 생겼다. 불을 끄려는 행동이 일찍 자려는 연이의 긍정적인 의도였음을 알았으니 나의 입장은 해결되었다. 이제 책을 읽느냐 불을 끄느냐는 두 아이가 해결할 일이었다. "은아, 선생님이 일찍 자고 일찍 일어나라고 하셨잖아. 그래서 연이는 책을 안 읽고 바로 자고 싶대. 은이는 어떻게 생각해?" "엄마, 나는 책을 읽어야 잠이 오는데!" 은이 말에 웃음이 났다. 책이 재밌는 거니, 잠자려고 책을 읽는 거니. 아이들은 분량이 긴 책 한 권을 읽고 잠들기로 스스로 협상하였다. 두 아이를 만족시킬 만한 공주 책을 가져와 자리에 누웠다. 마음 같아서는 리더스북 몇 권과 안 읽은 명작동화를 들이밀고 싶지만, 내 욕심은 구석으로 밀어두었다. 잠자리 독서를 빙자한 '엄마 사심 가득 독서'를 내려놓으니 모두가 편했다.

아이의 긍정적인 의도 읽기

비폭력대화센터 설립자인 마셜 로젠버그Marshall B. Rosenberg는 상대방을 비난하지 않고 자기 마음을 표현하는 방법으로 '비폭력 대화'를 제안했다. 그의 책《비폭력 대화》(한국NVC센터)에 소개된 '비폭력 대화 모델'은 관찰observaion, 느낌feelings, 욕구needs, 부탁requests이라는 네 가지 요소로 이뤄진다. 상황을 있는 그대로 관찰하고, 상대방의 행동에 대한 내 느낌을 말하고, 느낌 이면에 있는 나의 욕구를 상대방에게 부탁하는 과정이다.

나는 처음 관찰 단계부터 막혔다. 상황을 자의적으로 판단하지 않고 있는 그대로 바라보아야 하는데, 보는 순간 판단했다. 아이가 하품하면 '어제 안 잔다고 버티더니'라며 속으로 비난했고, 아이가 배고프다고 하면 '그러게 아까 좀 더 먹으랄 때 먹지'라며 혼자 결론지었다. 지루해서 하품한 건지, 갑자기 배고파진 건지도 모르면서 내 마음대로 아이의 행동을 해석했다. 잠자리 독서를 하기 전 불을 끄는 연이를 보면서도 그랬다. 일찍 불을 끄고 잠들어서 일찍 일어나려던 아이의 긍정적인 의도는 보지 못하고 잠자기 싫으니 장난치는 줄로만 알았다. 아이의 정당한 요구를 나를 향한 공격이라고 생각했다. 아이가 왜 불을 끄려고 하는지 먼저 물어보았으면 아이를 향한 비난을 멈출 수 있었을 텐데 나도 피곤해서 그러지 못했다.

아이는 아직 자기 마음과 생각을 세련된 언어로 표현하기가 어렵다. 세상을 10년도 살지 않았는데, 내면의 복잡한 이야기들을 어찌 다 제대로 표현할 수 있을까. 수십 년을 살아온 어른도 이제야 감정 공부를 하고 대화법을 배워가는데 말이다. 아이의 요구를 양육자를 향한 도전으로 받아들이면 아이의 마음을 읽기가 어렵다. 나의 욕구와 아이의 요청을 구분하여 인지하는 힘이 필요하다. 부모의 마음에 드리운 감정의 구름을 거두어내면 아이의 진짜 마음이 보인다. 아이의 요청에는 긍정적인 의도가 있다. 부모가 생각지도 못한 좋은 마음이 들어 있다. '이 아이가 왜 이럴까'라는 의심을 거두고, '이 아이의 좋은 의도는 무엇일까'라는 의문을 품어보자. 꺼내지 못했던 아이의 진짜 마음이 예쁘게 드러날 것이다.

거봐, 엄마 말이 맞지

"이거 신을래." 두 살 연이가 야무진 손놀림으로 신발장 문을 열고 분홍색 샌들을 꺼냈다. 끈 달린 주름 장식이 예쁜 신발이다. "엄마, 난 이거 신을래." 은이는 진분홍색 에나멜 샌들을 꺼냈다. 둘 다 발등에 새카맣게 샌들 자국이 날 정도로 좋아하는 신발이다. 지난여름 이후로 두 딸은 매일 여름 샌들을 신었다. 여름이 지나고 가을, 겨울이 되어서도 계속 신었다. 패딩 점퍼를 입는 날씨에도 샌들을 야무지게 꺼내 신는 아이들을 막을 재간이 없었다.

"바깥 날씨가 추워. 이거 신으면 발가락이 시려. 운동화 신자." 아이들을 여러 번 설득해보았지만 요지부동이었다. "아니, 이게 좋아." 아이들은 분홍 점퍼, 분홍 바지, 분홍 양말, 분홍 샌들을 착용하고 분홍 리본 핀으로 앞머리를 정리했다. 분홍으로 온몸을 감싸고 미소를 짓는 연이와 은이가 예쁘기는 했다. 추운 겨울에 여름 샌들이 눈에 거슬려서 그렇지. '아무리 예뻐도 추운 건 추운 건데….' 샌들 때문에 아이들 체온이 조금이라도 떨어져서 감기라도 걸릴까 봐 걱정되었다. 하지만 추우니까 운동화를 신자고 다시 말해봤자 아이들은 안 춥다며 고집을 부릴 게 뻔했다.

현관문을 열고 집을 나섰다. 아직 아파트 복도인데도 볼에 닿는 바람이 시렸다. "거봐, 엄마 말이 맞지? 춥지? 운동화 신을까?" 두 아이는 고개를 흔들며 괜찮다고 했다. '분명 추울 텐데, 끝까지 샌들 포기 안 한다 이거지?' 괜히 약이 올랐다. 계단을 내려오니 공동 현관 자동문이 열리며 찬바람이 온몸으로 파고들었다. "으악~ 바람이다." 아이들은 호들갑을 떨며 자동차 문 앞에 섰다. "거봐, 엄마 말이 맞지? 춥다고 했지?" 난 새침한 표정으로 차 문을 열며 말했다. 아이들은 대답도 못 하고 덜덜 떨며 카시트에 앉았다. "춥지? 으이그, 발 차가운 것 좀 봐." 아이들의 카시트 벨트를 채워주며 또 말했다. 아이들은 "으~" 하고 소리만 낼 뿐 대답하지 않았다. '아니, 추우면서 왜 춥다고 말을 안 하지? 아무리 추워도 샌들 신겠다 이거지?' 또 슬며시 약이 올랐다. 운전석에 앉아 몸을 돌려 아이들을 보고 말했다. "엄청 춥지? 엄마 말 안 들으니까 춥지? 그러니까 엄마가 운동화 신으랬잖아. 가서 운동화 가져올까?"

'아이와 나' 둘 중에서 누가 맞을까?

외출 전 나는 아이와 갈등 상황을 만들기가 싫었다. 아이와 실랑이하느니 아이에게 맞춰주는 쪽이 편했다. 또 아이의 의견을 존중하는 엄마의 관대한 면모를 보여주고 싶었다. 하지만 추운 날씨에 아이들이 감기라도 걸릴까 봐 걱정되었다. 속내를 감추고 너 좋을 대로 하라며 아이의 손을 들어주기는 했지만 불편한 마음이 가시지 않았다. 아니나 다를까, 아이들은 현관을 나서자마자 춥다며 오들오들 떨었다. 그런 아이들을 보며 내 생각에 확신을 가졌다. "거봐, 엄마 말이 맞지? 춥다고 했지?" 현관을 나서서 차에 앉아 출발할 때까지 아이에게 나의 ~~옳음을~~ 반복하여 ~~강조~~했다.

나도 운전석에 앉아 "으~ 추워"를 연발하며 자동차 액셀을 밟다가 문득 깨달았다. 아이도 춥지만 나도 춥다. 아이들이 춥다며 오들오들 떠는 이유가 '운동화를 신어도 추운 날씨'인지 '샌들을 신어서 차가워진 발'인지 정확히 알 수 없었다. 하지만 운동화를 신은 나도 이제 막 시동을 켠 자동차 안에서 오들오들 떨기는 마찬가지였다. 그렇다면 샌들을 신고 싶어서 신었을 뿐인 아이들에게 꼭 그렇게까지 엄마 말 안 듣고 샌들을 신으니 추운 거라고 강조할 필요가 있었을까? 나의 말이 옳음을 굳이 확고하게 증명하면서까지 내가 원했던 것은 무엇이었을까? 나의 말에 물음표가 떴다.

아이를 키우다 보면 아이와의 갈등 상황을 피할 수가 없다. 때론 사소하고 때론 심각한 문제들이 종종 생긴다. 아이가 두 살을 넘어서고 하루하루 자라니 아이가 아니라 내가 바라는 대로 해결해야 하는 일이 많이 생겼다. 계절에 맞는 옷을 입혀 몸을 보호한다든가, 외출 전에 미리 화장실을 다녀오게 한다든가 하는 것들이다. 처음에는 좋은 엄마인 척 "네 뜻대로 해봐"라고 했다. 그러다가 내가 예상했던 어려움이 닥치면 "거봐, 엄마 말이 맞지? 그러니까 이제 엄마 말 들어"라고 했다. 아이가 '내 마음대로 해보니 결국 엄마 말이 맞네. 그러니 앞으로 어떤 상황에서든 엄마 말을 들어야겠어'라고 생각하도록 상황을 교묘하게 조종했다. 나는 아이에게 엄마가 옳다는 것을 증명하여 앞으로는 아이가 내 말에 고분고분 잘 따르기를 바랐다.

'아이와 나' 모두 이기는 방법

심리학자 토머스 고든Thomas Gorden이 창안한 의사소통 기술인 '무패 방법'은 양육자와 아이가 이기거나 지는 것으로 갈등을 해결하지 않고 양쪽 모두가 동의하는 해결책을 찾는 것이다. 양육자의 말에 따라 운동화를 신거나 아이의 뜻에 따라 샌들을 신는 것이 아니라 양육자와 아이 모두 만족할 방법을 함께 찾아가는 과정이다. 처음에는 '어떻게 둘 다 만족시켜? 서로 바라는 바가 다른데?'라고 생각했다. 하지만 마음을 열고 아이와 이야기를 나누다 보니, 어느 한쪽이 일방적으로 포기하거나 져주지 않아도 함께 이길 수 있는 창의적인 방법을 찾을 수 있었다.

나는 아이가 감기에 걸리지 않기를 바랐고, 아이는 예쁜 샌들을 신기를 원했다. 그렇다면 감기에 걸리지도 않으면서 예쁜 샌들을 신을 방법을 함께 찾으면 된다. 먼저 아이들에게 나의 걱정을 솔직하게 이야기했다. "얘들아, 바깥 날씨가 추워. 샌들을 신으면 발끝이 시려서 엄마는 너희가 감기 걸릴까 봐 걱정돼." 그러자 아이들은 "나는 이 샌들이 예쁘단 말이야"라고 답했다. 다음으로 아이와 함께 해결책을 생각해보았다. "그럼 감기도 안 걸리고 샌들도 신을 방법은 없을까?" '내 말이 무조건 옳다'는 생각을 내려놓고 아이에게 물어보니 생각보다 합리적인 해결책이 많이 나왔다. 두꺼운 양말을 신는다, 샌들 위에 큰 양말을 신는다, 옷을 더 두껍게 입는다, 운동화를 챙겨가서 추우면 바꿔 신는다! 아이와 함께 찾은 해결책 중에서 가장 좋은 것을 함께 골랐다. 바로, 운동화를 챙겨 가서 추우면 바꿔 신기!

아이들은 겪으면서 배운다. 하지만 배우는 데도 두 가지 방식이 있다. "아이코, 내가 틀렸네. 저 사람 말이 맞구나" 하며 좌절을 통해 깨닫는 방식과 "아, 이렇게 해보면 되겠네. 방법을 찾았다" 하며 시도를 통해 깨닫는 방식이다. 양육자와 아이 사이에 갈등이 생기면 어른의 시선에서 '누가 옳고 그른가'의 방식으로 해결하기가 쉽다. 하지만 이왕이면 아이도 나도 둘 다 이길 '무패 방법'을 사용해보자. 뜻을 모아 문제를 해결하면 가족 간의 정도 쌓이고 아이의 자존감도 올라간다.

이날 이후로 나와 아이는 추운 날 샌들을 신는 합리적인 방법을 찾아냈다. 나도 아이도 둘 다 만족하는 훌륭한 방책이다. 샌들을 신던 두 아이가 이제는 신발장에서 스스로 운동화도 함께 꺼내 든다. "엄마, 이거 차에 실어놓자! 추우면 바꿔서 신을게." 한쪽 손에 운동화를 들고 한쪽 손으로 계단 난간을 잡고 내려가는 아이들의 뒷모습이 발랄하니 참 예쁘다.

때리면 돼, 안 돼

아이들과 짧은 외출 후 집으로 돌아왔다. 밖에서 사용한 물병과 도시락을 설거지하고 있는데 침대에 앉아 책을 읽던 두 아이가 티격태격하는 소리가 들렸다. “내가 먼저 보고 있었잖아.” 연이의 목소리였다. “나도 그 책 보고 싶다고!” 은이의 목소리였다. 그냥 다른 책 꺼내서 읽으면 될 것을 왜 또 저럴까. 외출 후 피곤해진 나도 신경이 곤두섰다. 둘이서 말로 잘 해결하길 바라며 마저 도시락 뚜껑을 물로 헹궜다. 그때 아이들의 목소리가 점점 커지기 시작하더니 “으앙~” 하는 은이의 울음소리가 들렸다. 고무장갑을 벗어놓고 침실에 가보니, 은이가 공주 그림책을 손에 든 채 울고 있었다. 연이는 팔짱을 낀 채 반대쪽을 보고 있었다.

무슨 일이냐고 물으니 “연이가 나 때렸어”라고 은이가 말했다. 연이에게 왜 때렸냐고 묻자 아이들은 서로 억울함을 호소했다. “아니, 내가 먼저 보고 있는데 은이가 자꾸 책을 뺏어가잖아!” “근데 네가 때렸잖아! 때리는 건 나쁘지!” “네가 내 책을 막 가져갔잖아!” 머리가 지끈거렸다. 빨리 이 상황을 해결하고 싶었다. “은이야, 연이가 읽고 있는 책을 허락도 없이 가져가면 돼? 그리고 연이는 은이가 책을 가져간다고 때리면 돼, 안 돼. 둘 다 그러면 안 되지!” 나의 엄한 목소리에 두 아이는 동시에 울음을 터뜨렸다.

안 되는 것만 알려주는 재판관이 되다

‘누가 무엇을 잘하고 잘못했는지 판단하는 태도’는 서로를 멀어지게만 한다. 갈등을 잘 해결하고 싶은 속마음과 다르게 서로를 향한 비난 섞인 말과 행동 때문에 속이 상하여 더욱 폭력적으로 행동하게 된다는 뜻이다. 나는 두 딸을 키우며 누구든 억울하지 않도록 주의를 기울였다. 그래서 두 아이가 다투거나 언쟁을 벌이면 상황을 공정하게 판단하기 위해 노력했다. 아이들에게 왜 그런 행동을 했는지 따져 묻고 올바른 행동이 무엇인지 스스로 생각하도록 했다.

그런데 너무 공정하게 상황을 해석하려고 노력하다 보니 문제가 생겼다. 두 아이의 말과 행동을 나의 도덕적인 기준에 맞추어 속단해버렸다. 속상하고 억울한 마음이야 이해하지만, 그렇다고 올바르게 행동하지 않은 것은 잘못이라며 아이들을 몰아세우듯 훈계했다. “기다리기 힘들다고 물건을 뺏으면 안 돼. 앞으로는 차례를 기다리도록 해. 그리고 다른 사람의 몸을 아프게 해서는 안 돼. 앞으로 때리지 마."

나는 옳고 그름을 가르는 판사가 되어 아이들을 재판하느라 아이들에게 해서는 안 될 행동만 강조하여 말했다. 아이들은 자신이 바라는 바를 어떤 말로 표현해야 하는지 몰라서 격해진 감정을 몸으로 표현했는데, 난 몸으로 표현하면 안 된다고만 했지 정작 원하는 바를 말로 어떻게 표현해야 하는지는 알려주지 않았다. 어떤 행동이 옳으냐 그르냐만 따졌다. '아이들이 기다리기 힘들다고 물건을 마음대로 빼어간 행동, 다른 사람을 때리는 행동의 옳고 그름'에만 관심을 기울이지 말고 '아이들이 책을 얼른 읽고 싶은 욕구, 뺏긴 책을 돌려받아 읽고 싶은 욕구'에 조금 더 시선을 두어야 했다. 무엇보다 나부터 "너희들이 서로 의견이 다를 때 완력腕力이 아니라 언력言力을 사용하면 좋겠다"는 나의 욕구를 바르게 표현해야 했다.

아이들도 나도 원하는 바를 말하다

며칠 뒤, 똑같은 일이 또다시 벌어졌다. 이번에도 내가 설거지를 하던 중 두 아이의 언성이 높아졌다. 내 청각 레이더를 거실의 아이들에게 꽂아둔 채 고무장갑을 슬쩍 벗었다. 이번에도 책이었다. "이 책 내 자리에 있었던 거란 말이야!" "그렇지만 엄마가 책은 누구 책장에 꽂혀 있든 함께 보는 거라고 했잖아!" 연이 쪽 책장에 꽂혀 있던 책을 은이가 읽고 싶어서 꺼냈는데 연이가 안 된다며 막아선 상황이었다.

"연아, 은아!" 하고 이름을 부르며 아이들 곁에 앉자, 두 아이는 기다렸다는 듯 상황을 설명했다. 나는 아이들의 이야기를 가만히 듣다가 "은이는 뭘 하고 싶었어?"라고 물었다. 은이는 연이 책장에 있는 책을 읽고 싶다고 말했다. 나는 은이의 말에 "응, 은이는 그 책을 읽고 싶었구나"라고 반응했다. 그리고 연이에게 "연이는 어떻게 하고 싶었어?"라고 물었다. 연이는 책이 자기 책장에 반듯하게 꽂혀 있었으면 좋겠다고 말했다. 나는 "아, 연이는 그 책이 연이 책장에 바르게 꽂혀 있기를 바랐구나"라고 대답했다.

아이들은 여전히 대치 상황이었다. 그런 아이들의 눈을 보며 조금 가벼운 말투로 다시 물었다. "은이는 책을 읽고 싶고~ 연이는 책을 책장에 꽂아두고 싶다고 하네. 엄마는 은이랑 연이가 둘 다 좋은 방법으로 문제를 해결했으면 좋겠어. 어떻게 하면 좋을까?" 잠시 시간이 흐른 후, 은이가 드디어 떠올랐다는 듯 "그러면 내가 이 책을 다 읽고 다시 연이 책장에 꽂아주면 되겠네!"라며 자신 있게 말했다. 그 이야기를 듣던 연이도 "아, 그거 정말 좋은 생각이다!"라고 답했다. 상황 종료. 아이들의 싸움은 의외로 간단하게 풀릴 때가 많다. 아이가 자기 마음을 표현할 적절한 언어를 찾기까지 어른들이 기다려주기만 한다면 말이다. 더 이상 내가 무슨 말을 할 필요도 없이 연이는 자리를 비켜주었고 은이는 책상 앞에 앉아 책을 읽었다. 곧이어 은이는 책을 다 읽고 다시 연이의 책장에 꽂아두었다. 연이는 책이 원래 자리에 꽂혔는지 눈으로 확인하고는 그리던 그림을 마저 그렸다.

아이들은 이후로도 수시로 부딪혔다. 좋은 해결 방법을 찾아 화해한 지 30분이 안 되어 다른 일로 또 다퉜다. 나 또한 육아책의 풍경처럼 매번 평온하게 대하지는 못했다. 인상 찌푸리며 윽박지른 적도 많다. 아이도 나도 상황을 분석하여 책임을 물으며 자기 행동을 합리화하기도 했다. 하지만 느리더라도 이런 시행착오를 여러 번 거치다 보니 상황을 '옳고 그름을 따지는 재판'이 아니라, '모두가 바라는 바를 이루기 위한 해결의 과정'으로 바라보는 힘이 생겼다. 아이들도 나도, 우리 셋 모두.

아이는 자라면서 다양한 갈등 상황에 노출된다. 우리는 갈등을 해결하기 위해 아이가 진짜로 원하는 것에 집중하기보다, 무엇이 잘못되었는지 옳고 그름을 따지려 애쓸 때가 많다. 갈등을 억제하기 위해, 좋지 않은 일을 막기 위해 원인을 분석하고 표면에 드러나는 일들만 다룬다. 그러다 보면 아래에 감추어진 씨앗은 다룰 수가 없다. 화합하지 못하는 이유인 '서로 다른 욕구의 충돌'을 제대로 읽어내고 바라봐야 지우려고만 했던 불화의 씨앗을 잡을 수 있다. 이 과정은 아이들뿐만 아니라 아이를 양육하는 나도 함께 겪을 것이다. 아이도 나도 함께 자란다.

“이번에는 네가 먼저 양보해”

쌍둥이 두 딸과 함께 있다 보면 돌발 상황이 자주 벌어진다. 어느 날에는 바닥에 떨어진 엄마의 머리 끈도 서로 먼저 봤다며 말싸움했다. 당장 쓰지도 않을 머리 끈을 자기가 먼저 할 거라며 다투기도 했다. 기분 좋게 놀다가도 금세 토라지는 아이들을 보면 한숨이 나왔다.

그런데 어느 순간 아이들을 바라보는 나의 시선이 한쪽으로 치우쳐 있음을 깨달았다. 나는 아이들이 사소한 일로 말다툼할 때마다 두 아이를 ‘양보하지 않는 쪽’과 ‘양보하는 쪽’으로 특정하고 자의적으로 상황을 해석했다. 익숙하게 다투다 보니 익숙하게 혼을 내고, 눈빛으로 “너 이래서 그랬지, 엄마가 다 알아”라고 말했다. 내 눈에 ‘양보하지 않는 아이’는 양보하지 않는 행동만 보이고, ‘양보하는 아이’는 양보하는 모습만 보였다. 그럼 ‘양보하지 않는 아이’는 자기 마음을 몰라준다며 뒤집어졌다. 엄마의 말이 어느 정도는 맞아도, 단 하나가 아니라면 맥락이 달라지기 때문이다. 아이들에게 미안하고 부끄러운 고백이지만, 나는 내가 역기능 가족의 분위기를 부추기고 있다는 것을 인지하지 못했다.

혹시 우리 집이 역기능 가족?

내면 아이 치료 전문가 존 브래드쇼John Bradshaw는 '가족'을 각자 역할이 있는 개개인이 모인 하나의 체계로 보았다. 여기에서 구성원 개개인의 역할은 물리적인 노동보다 정서적인 부분에 가깝다. 어린 시절 나는 바른 행동만 하는 착한 딸로 부모님의 기쁨이 되기 위해 노력했다. 바람직한 나의 모습에 웃음 짓는 부모님을 보면 마음이 편했다. 혹시라도 내가 실수하거나 잘못된 행동을 하면 부모님은 "미란이가 이런 행동을 하다니, 의외다. 너도 이런 면이 있니?"라고 말씀하셨다. 두 번 다시 똑같은 실수를 저질러서는 안 된다고 생각했다. 부모님의 기대에서 벗어나는 모습은 들켜서는 안 될 비밀이었다. 어쩌다 실수나 작은 일탈을 하더라도 깊은 죄책감을 느끼며 '난 역시 나쁜 아이야'라고 자책했다.

반대로 비교를 당하며 자라는 경우도 있다. "넌 누굴 닮아서 이러니? 너희 형 좀 봐라. 얼마나 착실해?" 같은 말들을 유년 시절 내내 듣거나, 양육자로부터 '못났다, 게으르다, 어리석다' 등으로 규정당하기도 한다. 가족 내에서 이러한 세뇌를 당한 사람은 스스로를 '문제아'라고 규정짓고, 계속 그런 행동만 하게 된다. 이 또한 가족이 자신을 바라보는 시선에서 벗어나지 못한 경우다. 이처럼 가족 구성원을 착한 아이, 욕심쟁이, 사고뭉치, 조용한 아이 등과 같이 특정한 사람으로 규정짓고, 그 사람이 평소와 다르게 행동하거나 변화하지 못하도록 분위기를 고착시킨 가족을 '역기능 가족'이라고 한다.

여느 때처럼 아이들 사이의 문제를 중재하고 있는데, 잠자코 내 말을 듣던 '양보하지 않는 아이'가 "내가 먼저 양보했다고!" 하며 억울해했다. '양보하는 아이'의 표정을 보니 뭔가 이상했다. '양보하는 아이'에게 물으니 "쟤(양보하지 않는 아이)가 먼저 나한테 양보했어"라며 순순히 인정했다. 충격이었다. 상황을 제대로 보지도 않고, '양보하지 않는 아이'와 '양보하는 아이'로 구분 지어 낙인을 찍었다는 사실을 깨닫고 그날 밤에 많이 울었다. 이 또한 어릴 적 나의 경험이 투사된 결과임을 알고는 가슴을 쳤다. 이때 깨닫지 못했다면, 난 아직도 두 아이의 행동을 내 멋대로 판단하고 있을지도 모른다. 둘이라 더 공평하게 대하고 싶었지만, 똑같지 않은 둘이기에 "넌 더 많이 양보하고, 넌 더 많이 양보하지 않아"라는 자동적인 비교와 판단을 멈추기가 쉽지 않았다.

아이를 판단하지 말고 숨은 욕구 살피기

내가 두 아이를 다른 온도로 대하고 있다는 걸 알아차리고, 변하기로 결심했다. 형제 간의 다툼을 다루는 책을 읽고 강의를 들었다.

새롭게 알게 된 것을 종이에 쓰고, 기억이 안 나는 것도 쓰고, 기억해도 실천 못하는 것까지 썼다. 검은 글자들이 뇌에 박힐 때쯤 나만의 문장이 떠올랐다. "그럴 수 있어."

일상에서 벌어지는 말다툼 중 명백하게 피해자와 가해자가 가려지는 경우는 몇 되지 않는다. 대부분 쌍방 과실이다. 당사자 간에 욕구와 견해 차이가 있을 뿐이다. 아이들 각자의 시선에서 생각해보면 둘 다 억울하고 속상한 일이다. "너희 둘 다 그럴 수 있다"는 '인정'은 '네 말이 옳다'며 편을 들어주지는 못해도 상황을 진정시켜주는 약이 되었다.

아이들은 원래 자기 위주다. 이기적이란 뜻이 아니다. 발달 단계상 아직 세계관이 자기 자신에만 머물러 있다는 의미다. 아이들은 '내가 아닌 다른 사람은 어떨까'라는 추상적이고 논리적인 사고방식을 배워가는 중이다. 취학 전 아이들이 이런 사고방식을 갖추고 배려하는 행동을 하기를 기대하는 것은 주식이 매일 빨간 불임을 기대하는 것보다 어리석다. 자기 위주로 생각하는 아이들 사이에서 충돌이 일어나는 건 당연하다. 서로 다른 욕구를 가졌는데 같은 시공간 안에 머무르다 보면 욕구가 부딪히기 마련이다.

아이들은 양육자의 모델링을 통해 이런 갈등을 어떻게 조율하는지 배워야 한다. 두 아이가 달려와 억울함을 호소하면 나는 묵묵히 두 아이의 말을 들었다. 두 아이에게 번갈아가며 '그렇지, 그렇지'라는 눈빛을 보내고 고개를 끄덕이다 보면, 각자의 상황이 보였다. 나는

"너 때문에, 네가 이렇게 해서" 같이 상대에게 방점을 찍은 아이의 말을 "나는 ~을 원해"처럼 자신에게 방점을 찍은 표현으로 바꿔주었다. "네가 먼저 달려 나가서 화가 나"라는 아이의 말은 "나도 이기고 싶었는데 져서 속상해"로 바꾸어 전달했다. "네가 먼저 뺏어갔잖아"라는 아이의 말은 "나도 그 머리 끈 쓰고 싶어. 누가 먼저 할지 같이 정하자"는 말로 바꾸어 표현했다. 남 탓이 아니라 자기 욕구 말하기를 연습하고 연습했다.

내가 너무 피곤한 날에는 수시로 말다툼하는 두 딸에게 제발 그만하라며 소리치고 싶어 입술이 근질근질했다. 그럴 땐 내 마음을 다시 들여다보고 말을 바꾸었다. "엄마 너무 피곤해서 귀가 아파. 좀 조용히 이야기하자"라고 화를 참으며 말했다. 아이들이 나의 요청을 듣든 듣지 않든 중요하지 않았다. 나의 욕구, 내가 바라는 것을 인지하고 입 밖으로 뱉어내는 것만으로도 조금은 속이 풀렸다.

형제자매 간의 다툼 대부분은 입장 차이에서 시작된다. 영원히 고정된 피해자와 가해자는 없다. 만약 어느 아이가 늘 잘못한 것처럼 보이고, 다른 아이가 늘 당하는 것처럼 보인다면 나의 프레임부터 점검해봐야 한다. 정말로 그런지 상황을 다시 관찰해야 한다. 아이들이 투덜거리며 달려오면 재빨리 생각하자. '이것은 기회다. 서로의 입장 차이를 조율하는 과정을 배울 기회.' 너희 둘 다 그럴 수 있다며 아이들의 눈을 보고 말해주자. 정말, 그럴 수 있다. (오늘도 부모 몸속에 사리가 하나 더 추가되었습니다. 하하.)

“집에서 뛰면 안 돼”

층간소음은 윗집 소음 때문에 삶이 괴롭다는 아랫집과 아랫집 눈치 보여 못 살겠다는 윗집이 대조를 이룬다. 우리 집은 3층이다. 2층에는 가해자, 4층에는 피해자가 되는 끼인 층이다. 나도 윗집의 층간소음에 잠을 깨기도 했고, 아랫집에 죄송하다며 과일을 가져다드리기도 했다. 우리 집의 소음을 조금이라도 줄여보고자 바닥에 매트를 깔아도 소용없을 때가 많았다. 소음 방지용 슬리퍼도 잠시뿐, 아이들은 아예 신는 것을 깜빡하거나 덥다며 벗어던졌다. 밖으로 나가 실컷 뛰어놀기 힘든 무더운 여름이나 추운 겨울에는 더욱 곤란했다. 아랫집과는 남편끼리 알고 지내는 사이라서 층간소음으로 불편한 내색은 크게 하지 않으셨지만, 4년간 가정 보육을 하며 아이들과 집에서 지내는 시간이 많았던 터라 꽤 불편하셨을 것 같다.

아이들은 대부분의 시간을 걷지 않는다. 기본값이 걷기가 아니라 뛰기다. 돌이 지난 후 직립보행을 시작한 뒤로 사춘기가 되기 전까지 아이들은 걷지 않고 뛴다. 기분이 좋을 때는 뛰기의 탈을 쓰고 날아다닌다. 그런 아이들에게 공동주택 생활 규칙을 꾸준히 알려주기는 했지만, 아이들도 놀이 욕구가 앞서서 자신도 모르게 뛸 때가 있다.

협박식 훈육은 잠깐뿐이다

사람이 더불어 살아가는 사회에는 규칙이 필요하다. 저마다 하고 싶은 대로만 하면서 살다가는 각자의 욕구가 충돌할 수 있으므로 다수의 안전과 행복을 위한 질서가 있어야 한다. 따라서 양육자는 아이들에게 사회 규칙을 가르칠 때 '타인에게 도움을 주는 행동'에 초점을 두어야 한다. "우리가 밤에 조용하게 생활하면 이웃 사람도 조용하게 쉴 수 있어. 우리가 분리수거를 하면 지구가 덜 아파." 이처럼 사회 구성원으로서 살아가는 데 배워야 하는 규칙의 의미를 강조함으로써 아이들은 자신 또한 '가정과 사회에 의미 있는 존재'라는 의식을 함양할 수 있다. 이것이 바로 하임 기너트가 말한 '책임감'이다.

배려, 예의 같은 덕목을 긍정적인 가치에 뿌리를 두지 않고, 단순히 기술적인 방법으로 가르치려고 할 때 부작용이 생긴다. "계속 뛰면 아랫집 아저씨가 쫓아와서 '이놈~' 한다" 같은 협박으로 아이를 순간 진정시킬 수는 있다. 하지만 이러한 방법은 수치심과 두려움에 근거한 훈육이다. 남이 시키니까, 안 하면 불이익이 생기니까 지키는 사회 규칙은 겉으로 드러나는 행동만 수정시킬 뿐이다. 그 결과, 아이는 가치 판단의 기준을 외부에 두고 판단하여 행동하게 된다. 무언가를 시도할 때 자신 안의 규범을 따르기보다 외부에서 어떤 상과 벌이 따르는지에 관심을 기울이는 아이는 주체적이고 독립적인 인격 형성이 어렵다.

그렇다고 매번 "뛰면 안 돼. 뛰면 안 된다고 했지!"라고 다그칠 수도 없다. 해서는 안 되는 규칙을 반복적으로 말하는 것은 양육자의 정신 건강에 해롭다. 부정적인 명령을 되풀이할수록 양육자는 자기 뜻대로 통제되지 않는 아이의 행동에 집중하게 되기 때문이다. 이는 곧 양육자의 양육 효능감을 떨어뜨려 양육자를 무기력에 빠뜨리거나, 아이에게 비난의 화살을 돌리게 한다. (내가 그렇다.) 여기에 다른 집에 피해를 주고 있다는 걱정까지 시작하면 들끓기 시작하는 화에 기름을 쏟아붓는 격이다.

아이의 욕구, 조절하되 존중하기

그렇다면 아이에게 어떤 방법으로 규칙을 알려주어야 할까? 나는 아이들에게 공동주택에서 평화롭게 사는 데 필요한 규칙을 알려주기 위해 네 가지 측면에서 마음의 준비를 했다.

첫 번째, 층간소음 방지를 위한 생활 규칙 안내는 아이들을 위해서 꼭 필요한 일임을 나 스스로 상기했다. 집에서 뛰지 않기, 쿵쾅거리지 않기는 공동주택에서 평화롭게 살기 위한 방법이다. 사회 구성원인 아이들도 공동주택에서 함께 살아가기 위해 지켜야 할 일들을 알아야 한다. 아이들에게 안내할 때는 무조건 지키라고 강요하기보다 사회 구성원으로서 책임감을 강조하기로 단단히 마음먹었다.

두 번째, 아이들에게 규칙을 알려줄 때는 상세하게 안내했다. 취학 전 아이들은 인지발달 과정상 타인과 처지를 바꾸어 생각하기가 어렵다. 추상적인 사고를 담당하는 뇌의 영역이 완전히 발달하지 않았기 때문이다. 그래서 아이의 행동이 가져올 결과를 자세하게 알려주기로 했다. 뛰면 아랫집이 시끄럽다, 아이가 자는데 깰 수 있다, 자다가 놀라서 깨면 속상하다 등 합리적인 이유를 알려주는 시간이 필요하다.

세 번째, 아이가 집에서 뛰면 안 되는 이유를 이해하고 있는지 굳이 확인하지 않았다. 아이가 층간소음이 무엇인지, 어떻게 예방하는지 모든 내용을 이해하든 못 하든 연연하지 않았다. 그저 아이에게 공동주택 생활 규칙을 꾸준히 반복적으로 설명했다. 아이도 처음에는 자신이 뛰는 행동에 대해 의식하지 못했다. 하지만 내가 '책임감과 행동에 따른 결과'를 반복하여 말하니 아이도 살짝 뛰려다가도 바로 "뛰면 아래층 동생이 깜짝 놀라" 하며 멈추었다. 층간소음에 관한 문제의식이 자연스레 스며든 모양이다.

마지막으로 당장에 고쳐지리란 헛된 기대를 내려놓았다. 아이들은 층간소음을 일으키려고 마음먹고 뛰지 않는다. 그저 본능대로 뛰다 보니 층간소음을 일으키게 될 뿐이다. 그렇기에 무조건 뛰지 말라고 혼내봤자 도리어 아이가 겁을 먹게 되어 근본적인 행동 개선이 어렵다. '언젠가는 이웃을 배려하여 행동을 조심할 거야'라는 믿음을 가지고 친절하지만 단호하게 꾸준히 안내하는 것이 핵심이다.

신체 활동성이 커지고 몸무게가 무거워지는 세 살부터 시작된 층간소음 고민은 다섯 살이 된 지금 얼추 해결이 되었다. 아이들은 막 뛰려다가도 발걸음을 멈칫한다. 한 명이 뛰면 다른 한 명이 "지금 저녁이야, 아랫집 이모가 시끄러울 수 있어"라며 말린다. 나도 달라졌다. "그만. 집에서는 뛰면 안 된다고 했지!"라며 잔소리하는 대신에 "시간이 많이 늦었네. 아랫집에서 많이 시끄럽겠는데?"라고 여유 있게 말한다. 그렇게만 해도 이이들은 알아듣고 목소리를 줄이거나 조심스레 걷는다.

아이의 뛰고 싶은 본능을 존중하면서 이를 조절하는 법을 알려주자. 무조건 안 된다고 말하거나 협박해서 공포심을 자극하기보다 아이가 해야 할 행동에 합리적인 이유를 덧붙여 말해주자. 이외에 공공장소 예절을 가르칠 때도 마찬가지다. 도서관처럼 사람이 많이 모이는 곳에서 지켜야 할 예절 또한 그곳에 도착하기 전에 아이의 행동에 대한 책임감을 일깨워주는 게 좋다. 연이는 어린이 도서관에 가면 "엄마, 여기 이 책 좀 봐!"라며 흥분하여 큰 소리로 말한다. 이전 같았으면 "스읍~" 하며 눈치를 줬을 텐데, 이제는 "도서관에서는 조용히 말하기"라고만 간단하게 규칙을 말해준다. 다그치며 혼내지 않아도 아이는 규칙을 떠올리고 행동을 조심한다. 어른들도 깜빡 잊고 실수할 때가 있듯 아이도 마찬가지다. 오늘도 새로운 날이 시작되었다는 마음으로 '배려하는 규칙'을 꾸준히 반복하여 알려주다 보면, 어느새 아이도 사회 구성원으로서 책임감 있게 행동하며 뿌듯함을 느낄 것이다.

“엄마가 선생님한테 말해줄까”

“엄마, 오늘 진언(가명)이가 때렸어.” 하원 하고 식탁에 앉아 과자를 먹던 은이가 말했다. 연이도 시원한 물을 한 모금 꿀꺽하더니 “응! 오늘 진언이가 은이를 때렸어. 이렇게 밀쳤어”라고 답했다. 은이는 고개를 숙이며 한숨을 쉬었다. 나는 침을 꼴깍 삼키고 물었다. “그래? 오늘 무슨 일이었는데?” 은이가 기다렸다는 듯이 고개를 번쩍 들더니 종알거렸다. “우리 여자 친구들끼리 같이 케이크 만들고 있었는데, 진언이가 갑자기 와서 ‘으악’ 하고 놀래면서 나를 이렇게 밀쳤어. 이렇게!” 아이고, 잘 놀다가 깜짝 놀란 것도 당황스러운데 밀치기까지 했으니 억울하겠다 싶었다. “진짜? 진언이가 밀쳐서 진짜 속상했겠다! 우리 소중한 은이를 감히 밀치다니! 엄마가 선생님한테 진언이 혼내달라고 말해줄까? 아니면 진언이 엄마한테 이야기할까?” 내가 아이들보다 더 흥분한 척 씩씩거리니 연이가 웃음을 터뜨렸다. 두 아이는 당장 그렇게 해달라며 의기투합했다. 공감은 어느 정도 해줬는데 그다음이 문제였다.

대화도 연습이 필요해

은이 입에 과자를 넣어주며 모르는 척 물었다. "근데 말이야, 진언이가 왜 왔대?" 어떤 상황인지 예상은 되었지만, 아이가 오늘 있었던 일을 되짚어보고 말로 풀어내는 과정을 통해 스스로 스트레스를 해소하고 해결의 실마리도 찾아내기를 원했다. "우리가 케이크를 만드는데 갑자기 끼어들잖아. 와서 갑자기 왁 놀래고." "맞아. 토핑이 떨어졌단 말이야! 소중한 토핑. 흐앙." 아이들은 흥분하여 말을 쏟아냈다. 그런 아이들을 바라보며 나도 따라 고개를 끄덕이다가 또 모르는 척 질문했다. "근데 진언이도 케이크를 같이 만들고 싶었던 거 아니야? 갑자기 왜 온 거래?" 연이는 고개를 갸웃거리며 "그러게. 케이크 만들고 싶었나? 진언이는 저기서 로봇특공대 하고 있었는데"라고 말했다. 아이에게 친구의 입장을 구태여 이해해야 한다고 강요할 필요는 없다. 이렇게 판단을 잠시 보류하고 생각할 여지를 주는 것만으로도 충분하다.

이제 부탁의 말을 제대로 연습할 시간이었다. 아이들 사이에서는 "지금은 싫다"는 거절이 '네가 싫다'는 뜻으로 잘못 전달될 수 있다. 그렇기에 서로 오해의 여지를 줄이도록 자기 입장을 설명하는 말을 연습해야 한다. "다음엔 진언이한테 이렇게 말해보자. '밀지 마. 밀면 아파. 너도 같이 케이크 만들래?' 그렇게 말하면 진언이가 사과하든 조심하든 같이 놀든 뭔가를 말할 거야." 내 말에 은이가 발끈했다. "근데 엄마, 아프다고 말했는데 사과도 안 했어! 지난번에도 밀었단 말이야. 억울해." 규칙에 민감한 아이들이 속상할 만도 했다. 이럴 땐 다시 공감이 필요했다. "으아~ 진짜? '밀지 마!'라고 더 크게 말하자. 그럼 진언이도 깜짝 놀라서 조심할 거야."

단, 아이들 사이에서 일어나는 사소한 일에 부모가 사사건건 개입하는 것은 크게 바람직하지 않다. "엄마가 선생님한테 말해줄까?"라는 맞장구로 '엄마는 너의 마음을 이해해'라는 공감을 표현할 때는 주의해야 한다. 앞서 내가 아이에게 "엄마가 선생님한테 혼내달라고 말해줄까?"라고 말한 것 역시 '엄마가 너의 고충을 이해했고, 어린이집에서는 선생님이 엄마처럼 너의 문제를 도와주니까 걱정 말라'는 뜻이었다. 이런 말은 한 번이면 족하다. 남용할 경우, 아이 스스로 문제를 해결하며 의사소통 기술을 익히는 기회를 양육자가 빼앗을 수 있다. 심각한 사안이 아닌 경우에는 아이들이 상황을 해결할 수 있도록 기다려주는 시간이 필요하다.

물론 양육자가 과도한 개입을 하면 안 된다는 뜻이지 방치해도 된다는 뜻은 아니다. 양육자는 자녀가 겪는 문제를 객관적으로 바라보고 해결하는 데 도움을 주어야 한다. 친구들 사이에서 어떤 오해가 생겼는지, 어떤 문장으로 자기 마음을 표현할지, 친구의 요구사항을 어디까지 받아들여야 할지 등은 중재자인 어른의 올바른 안내가 꼭 필요한 부분이다.

대신 상황을 객관적으로 파악하기 위해 어린이집 선생님에게 연락을 드리긴 했다. 아이들끼리 놀다 보면 충분히 있을 만한 일이지만, 내가 교직 생활을 수년간 하다 보니 직업병처럼 교우관계 염려증이 있어 아예 모른 척할 수는 없었다. "선생님, 은이랑 연이가 요즘 진언이가 밀친다고 자주 말하더라고요. 친구들끼리 한두 번 밀고 그런 거야 얼마든지 있을 수 있는 일인데, 진언이 입장에서 '은이는 밀어도 아무 말 안 하는 아이'로 인식될까 봐 좀 걱정되어서요. 혹시 그런 상황은 아닌가요?" 학부모의 예민한 질문에 선생님은 손사래를 치며 "아뇨, 전혀 그런 상황은 아니에요. 진언이가 은이한테만 그런 게 아니라 다른 친구들에게도 그런 행동을 해서 함께 지도하던 중이었어요"라고 대답해주셨다. 아이들 사이에서는 사소한 다툼이 습관으로 굳어지기도 한다. 그러다 보면 친구들끼리 소통하는 패턴이 고착되어 교우 관계에 어려움을 겪을 때가 종종 있다. 혹여나 그런 상황일까 걱정했는데, 전혀 아니라는 선생님의 말씀에 안도감이 밀려왔다. 신경 써주셔서 감사하다는 인사로 대화를 마무리했다.

아이들은 이따금 친구들이나 선생님과 있었던 일에 자기 상상을 더하여 말을 한다. 어른이 보기에는 사소한 일이지만 아이 입장에서는 큰일이기도 하고, 어른에게는 심각한 일인데 아이들은 의외로 쉽게 이해하고 넘어가기도 한다. 그렇기에 가정과 기관의 연계 지도가 꼭 필요하다. 아이들 이야기에서 혹여 이상하게 생각되는 부분이 있다면 오래 망설이지 말고 기관의 선생님과 상담하는 것이 좋다. 교사의 객관적인 시선과 아이의 이야기를 종합해보면 아이 앞에서 내색하지 못했던 걱정거리를 덜어낼 수 있다. 때로는 내 아이에 대해 미처 생각하지 못했던 부분을 알게 되어 양육에 도움을 얻을 수도 있다.

어른이 필요한 아이들

아이들이 누가 자신을 때렸다며 속상한 이야기를 할 때면 대체 무슨 말을 해주어야 할지 퍼뜩 떠오르지 않았다. 맞은 아이도 속상할 테고, 때린 아이는 뭔가 속상한 일이 있으니 손이 먼저 나간 게 아닐까 싶은 마음에서였다. 동갑내기 두 딸을 키우다 보면 자매끼리도 싸우는데, 아예 다른 친구들 사이에서야 더하지 않을까? 고민 끝에 내린 결론은 '공감하기와 방법 생각하기'였다. 집으로 돌아와 친구한테 맞았다며 울먹이는 아이에게 맞아서 속상하겠다며 다독였다. 그리고 그런 상황에서는 상대방 친구에게 뭐라고 말하면 좋을지 함께 생각해보고 연습했다.

미취학 아동들 사이에서는 많은 일이 일어난다. 속상하고, 화나고, 억울한 감정을 풀 만한 적절한 말을 알지 못하거나 감정 조절이 어려워 손부터 나가는 경우가 많다. 이때 아이들의 잘잘못을 따져 묻는 건 상황을 해결하는 데 큰 도움이 안 된다. '아이들은 싸우면서 큰다'는 핑계로 그들 사이의 폭력을 무시하거나 방임하자는 의미가 아니다.

어떤 상황에서는 보다 적극적으로 아이를 보호하고 필요한 조치를 취해야 할 수 있다. 다만 아이들에게 피해자 또는 가해자 프레임을 씌우는 동안 아이 스스로 문제를 해결할 기회를 빼앗지는 말자는 뜻이다.

아이들에게는 행동의 옳고 그름을 판단하는 판사보다 아이가 감당하기 어려운 일을 함께 해결해주는 어른이 필요하다. 공감을 빙자한 어른의 분노 표출이나 해결책을 빙자한 어른의 잔소리도 삼가야 한다. 아이와 적당한 정서적 거리를 유지하며 도움을 줄 지혜로운 방법을 찾자.

“ 이렇게 소심해서 어떡할래 ”

다섯 살 두 아이의 어린이집 공개수업 날이었다. 공개수업은 학부모와 어린이들이 함께 참여하는 형식으로 진행됐다. 그날 우리 딸들의 새로운 모습을 보았다. 자유분방할 줄 알았던 연이는 수업 시간에 적극적으로 참여하는 바른생활 모범생이었고, 바른생활 모범생인 줄 알았던 은이는 부끄럼쟁이였다. 좋아하는 채소로 만든 음식을 소개하는 시간이었는데, 선생님은 뽑기 상자에서 이름을 꺼내 발표자를 정했다. 제발 은이가 당첨되지 않기를 두 손 모아 빌었는데 하늘에 그 소식이 닿았는지 은이가 뽑혔다. 수십 명의 아이와 엄마들 앞에 선 은이는 온 힘을 다해 나에게 밀착했다. 은이가 자기 등으로 나를 어찌나 밀어붙이는지, 무릎 꿇고 앉아 이야기하다가 은이와 함께 뒤로 넘어갈 뻔했다. 은이는 “어떤 재료로 만들었어요?”라는 선생님의 질문에

"토마토요"라고 속삭이듯 답했다. 자기도 발표하고 싶다며 아쉬움을 토로하는 아이들 앞에서 은이는 발가락을 오므리고 서 있었다.

두 딸은 쌍둥이라도 수줍음을 타는 정도가 다르다. 생후 200일이 지나서는 은이보다 연이의 낯가림이 더 심했다. 하지만 점점 자라며 낯가림이 사라지자 연이는 발표하기도 좋아하고 큰 소리로 인사도 곧잘 했다. 반면 은이는 아니었다. 발표뿐만 아니라 인사도 쑥스럽다며 하지 않았다. 점점 나아질 줄 알았는데 여전히 수줍음을 많이 타는 은이를 보며 걱정되었다. 얘가 왜 이러나, 누굴 닮아 이렇게 소심한가, 학교 들어가서 어쩌려고 이러나…. 아이를 향한 과한 걱정은 자책으로 이어졌다. 더 어릴 때 차에 태우고 다니기 힘들다고 문화센터 수업을 안 다녀서 그런가, 너무 조용하게 아파트 단지 안에서만 키웠나.

수줍음 많은 은이의 행동이 좋게 보이지가 않았다. 은이가 부끄러워 아무것도 하지 않으려고 할 때마다 아이의 행동 하나하나를 고쳐주고 싶었다. 난 어느새 나의 기준에 도달하지 못하는 아이의 행동을 '잘못'으로 규정짓고 있었다. 은이는 타고나기를 수줍음이 많은데, 내가 은이를 '문제 있음'으로 도장 찍었다. 수줍음을 문제 있는 성격으로 인지하는 저변에는 '소심하면 안 돼, 내 아이가 어디서든 돋보였으면 좋겠어'라는 나의 갈망이 자리 잡고 있었다.

수줍음도 기질이에요

부모들은 자기 아이가 어디에서든 치이지 않기를 바란다. 더 나아가서는 내 아이가 다른 아이보다 더 돋보이기를 바란다. 그런 면에서 사람들 앞에 자신 있게 나서는 외향적인 아이가 유리해 보이는 게 사실이다. 먼저 해보겠다며 손 들고, 친구들에게 적극적으로 다가가 말 거는 모습을 보면 성격이 서글서글하고 좋아 보인다. 이와 달리 새로운 환경에 적응하는 데 시간이 조금 더 걸리는 내향적인 아이에게는 '소심하다'는 딱지가 붙는다. 양육자의 마음 같아선 아이가 좀 나서서 말도 하고 씩씩하게 생활했으면 좋겠는데, 내향적인 아이는 자리에서 가만히 보기만 하는 것 같다. 그러다 보니 안타까운 마음에 "나가서 좀 해봐, 손 좀 들어봐, 크게 인사해야지"라며 아이의 등을 떠민다. 내 아이가 학교 가서 덜 힘들었으면 하는 사랑의 마음을 "소심해서 어떡해, 그냥 좀 해봐"라며 어긋난 말로 표현하고 만다.

하지만 양육자의 우려와 달리 내향적인 아이는 학교생활에서 반짝이며 빛을 발하기도 한다. 내향적인 아이들은 친구들의 행동과 생각을 주의 깊게 관찰하기 때문에 원만한 교우관계를 형성한다. 그리고 마음이 맞는 친구들과 배려하며 깊게 소통하기에 안정된 학교생활을 하는 경우가 많고, 많은 사람이 함께 어울리는 단체 생활에서도 신중하고 사려 깊게 행동하기에 "품행이 바르다, 마음이 곱다"라는 칭찬을 듣는다. 고학년으로 올라갈수록 인지발달에 따른 사회성이 급격히 발달하기에 자기 능력을 드러내고자 할 때는 수줍음을 잊고 열정을 불사르기도 한다.

소심하다고 학교에 가서 무시당하지 않는다. 수년간의 교직 경험이 뒷받침해주는 사실이다. 수줍음이 아이의 사회성을 결정 짓지 않는다. 내향적이더라도 내적으로 단단한 아이는 조용히 많은 사람의 인정을 받으며 자란다. 아이는 기질에 맞게 사회성을 배워나간다. 내향적인 아이는 섬세하고 생각이 깊은 특성을 강점으로 키우고, 외향적인 아이는 적극적이고 표현력이 돋보이는 특성을 강점으로 키워 저마다 빛날 수 있다. 많은 양육자의 우려와 달리 '내향적이냐, 외향적이냐'는 좋은 사회성을 판가름하는 요소가 아니다. 내향적이든 외향적이든 타고난 기질 그대로를 긍정적으로 존중받으며 자란 아이는 '세상을 향한 긍정'이라는 사회성의 첫 단추를 성공적으로 채운다.

교사로서 아이들을 대할 때는 이렇게 너그러우면서, 부모로서 내 아이들을 대할 때는 기준이 엄격했다. 내 입장에서는 우리 집 딸들이 조금이라도 더 돋보였으면 하는 욕심이 생길 때가 많았다. 하나라도 먼저 알고, 하나라도 먼저 해내면 기쁜 것이 내 속마음이더라. 경쟁에 찌들었다 해도 어쩔 수 없었다. 30년 넘게 그리 살아오며 길들었기에 아이가 머뭇거리며 수줍어하는 모습을 있는 그대로 바라보며 수용하기가 쉽지 않았다. 아이의 실패가 나의 실패이고, 아이의 머뭇거림이 나의 인생의 머뭇거림으로 다가왔기 때문이다. 나도 용기를 내어 내 아이의 특성을 인정할 때였다. 조금 많이 내향적인 아이를 있는 그대로 받아들이기로 했다. 나의 역할은 아이가 자기만의 방법과 속도로 상황을 헤쳐나가는 모습을 묵묵히 바라보며 응원하는 것이다. 이후로 나는 아이가 당장 해내지 못하더라도 괜찮다며 나를 다독이고 아이를 껴안았다.

나아가, 아이가 작은 성공을 여러 번 경험하여 자신감을 쌓을 수 있는 환경을 만들어줬다. 은이가 색종이로 목걸이를 만들어 가져오면 "이건 어떻게 접은 거야? 왜 이렇게 붙였어?"라고 꼭 물어본다. 그럼 은이는 자랑스럽게 자기 이야기를 늘여놓는다. 낯선 곳에 갈 때에는 스스로 마음의 준비를 하도록 돕는다. 예를 들어 사람이 많은 식당이나 마트에서 용건을 보거나, 직원에게 도움을 청할 때 쓸 만한 대화 유형을 알려줬다. 이때 아이 입장에서 할 수 있는 행동(가만히 있는다, 엄마 손을 꼭 잡는다 등)도 덧붙여 스스로 불안감을 덜 수 있는 방법도 안내했다. 과학관 체험 수업도 어른이 함께 참여할 수 있는 활동으로 먼저 신청하여 아이와 함께 경험했다.

이제 여섯 살이 다 되어가는 두 딸은 슈퍼에서도 고개를 숙여 수줍게 인사한다. 어린이집 수업 시간에는 좋아하는 활동에 손을 들고 적극적으로 참여한다. 모든 사람의 시선을 받을 때는 여전히 몸을 배배 꼬지만, 사람 많은 과학관에서 엄마 없이 혼자 체험 수업도 받을 정도로 사회성이 발달했다.

아이는 타고난 기질을 발휘하며 살아간다. 누구나 그렇듯 시행착오를 겪는다. 넘어지고 일어서며 아이는 더욱 단단해진다. 당장 아이가 무언가를 자신 있게 잘 해내지 못할 수 있다. 하지만 처음부터 완벽하게 해내는 사람은 없지 않은가. 모르면 배우는 데 시간이 필요하고, 알더라도 아는 것을 행하는 데 노력이 필요하다. 마음의 벽을 넘어설 때는 시간이 더 오래 걸리는 법이다. 결과가 아니라 아이의 노력을 바라보자. '어느 정도는 적극적으로 행동했으면 좋겠다'라는 부모의 기준을 과감하게 내려놓고 '마음의 벽을 넘어서기 위해 노력하는 아이'를 있는 그대로 칭찬하자.

비폭력 대화를 시작하는 부모

아이에게 자아가 생기면 양육자와 충돌할 때가 많아집니다. 양육자의 입에서는 "안 돼, 저리 가, 그만, 아니야"와 같이 행동을 제지하고 부정하는 말들만 튀어나오죠. 저는 이때 어떤 말을 해야 할까 고민하며 많은 책을 찾아보았습니다. 비폭력 대화, 감정 코칭, 부모 역할 훈련 등 양육자의 대화법은 여러 가지가 있었어요. 세부 단계와 명칭은 조금씩 다르지만, '공감과 안내'라는 큰 줄기는 같았습니다. 저는 이 중에서도 마셜 로젠버그의 '비폭력 대화'를 저만의 방식으로 재해석하여 일상에서 적용 중이에요.

'비폭력 대화'란 말 그대로 폭력적이지 않고 상대를 공격하지 않는 대화를 뜻해요. 여기엔 네 가지 단계가 있답니다. '행동 관찰, 느낌 표현, 욕구 찾기, 부탁하기'가 그것인데요. 상대의 행동을 자의적으로 해석하고 판단하여 말하기를 멈추고, 상황을 관찰한 후 자신이 느끼는 감정과 진짜 원하는 것을 이야기하는 과정입니다. 전 비폭력 대화를 아이와 양육자의 입장으로 나누어서 실천하고 있어요.

먼저 아이의 입장입니다. 아이가 갈등 상황에 놓여 감정적으로 힘든 상황일 때, 저는 섣부르게 말을 건네지 않고 침묵하며 아이의 상황을 있는 그대로 관찰합니다. 그리고 제가 관찰한 내용(객관적 상황이나 감정

상태 등)을 아이에게 말로 표현해줘요. 아이의 감정이 조금 잦아들면, 아이가 진짜 바라는 것을 대화를 통해 함께 찾아요. 마지막으로 아이가 "나는 ~하고 싶어"라고 자기 욕구를 언어로 표현할 수 있도록 돕습니다. 인위적으로 단계를 나누자면 이렇지만, 비언어적 소통으로도 간단하게 실천할 수 있어요. 바로 '공감'이지요. 아이의 행동을 비난하지 않고, 아이의 감정에 양육자가 함께 머무르는 것 또한 비폭력 대화의 하나라고 볼 수 있답니다.

다음으로 양육자의 입장이에요. 제가 감정적으로 힘들 때는 머릿속에 떠오르는 생각과 신체의 느낌(어깨 통증이나 심장 박동 등)을 거부하지 않고 관찰해요. 예를 들어, 아이가 갑자기 우는데 그 이유가 이해되지 않을 때 우리는 당황해요(1차 정서). 이때 마땅한 해결법이 떠오르지 않으면 죄책감이 들거나 수치스럽죠(2차 정서). 그러다 결국 아이에게 "울 일도 아닌데 운다"며 아이 탓으로 돌리는 거예요. 이처럼 나의 좌절된 욕구와 밑바닥에 있는 감정을 찾는 과정을 거쳐요. 이때 '좋은 엄마, 나쁜 엄마'라는 잣대를 버리고 한 인간으로서 느끼는 나의 모든 감정을 인정하는 것만으로도 마음이 조금 진정되더라고요. 그리고 제가 진짜 바라는 것을 찾아내어 실천하려고 노력해요. 주변의 도움이 필요할 때면 "나는 ~을 하고 싶어"라고 직접적으로 표현하기도 한답니다.

자녀와의 대화법은 다양하지만, 그 핵심은 같아요. 아이를 또 하나의 인격체로 존중하는 마음. 투사가 아니라 부모 자신의 진짜 욕구를 들여다보는 용기. 아이에게 도움이 되는 가치를 알려주는 말. 그것을 다그치거나 협박하지 않고 존중의 언어로 제시하는 태도.

말투만 곱다고 비폭력 대화가 아니고, 조곤조곤한 목소리라고 감정 코칭이 아니에요. 내 말 안에 숨은 의도를 파악하고 이중 메시지가 아닌 정확한 메시지를 전달하려면 가장 먼저 양육자 자신의 마음속 두려움과 욕구를 알아차려야 해요. 그리고 이를 아이에게 잘 전달하여 타협하는 과정을 거쳐야 한답니다.

어떤 방법이든 좋아요. 상황에 따른 맞춤 문장을 적어서 벽에 붙여놓고 수시로 읽어봐요. 당장 변하지 않는 듯해도, 익숙하지 않은 공감의 말을 아이와 나에게 계속 해주다 보면 어느새 존중의 말이 자연스럽게 몸에 밸 거예요. 습관처럼 나오는 말들로 나의 마음이 변하고, 아이를 바라보는 시선 또한 바뀌고요. 지금의 노력이 언젠가는 분명 빛날 테니 우리 모두 포기하지 말아요.

3장

가정의 문화를 세우다

꼬물거리는 젖먹이를 품에 안아 든 순간부터 내 아이는 남부럽지 않게 키우겠다고 다짐했다. 똑똑하고 지혜로운 아이로 키우는 방법을 알고 싶어 독서 교육, 조기 교육, 영어 교육, 영재 교육 관련 책을 몽땅 주문했다. 육아책에서 좋다는 것은 다 시도하며 내 아이는 범재, 영재, 천재가 될 수 있으리라 기대했다. 아이가 잠들 때까지 책을 읽어주면 좋다는 말에 잠자리에서 두 시간이 넘도록 책을 읽었다. 아이의 몰입을 지켜주라는 말에 놀이에 집중한 아이가 지쳐 잠들 때까지 자정이 넘도록 곁을 지켰다. 무엇을 위해서? 비범한 영재로 만들기 위해서!

부끄럽지만 이번 장에 나오는 글의 제목들은 나의 지난 사심이 담긴 문장이다. 동시에 아이의 인지발달과 관련해 주변에서 들었던 간섭과 편견의 말이기도 하다. 교구, 한글, 독서 등 내가 그동안 아이 교육에 쏟았던 모든 노력의 목적은 오로지 아이의 사회적 성공이었다. 그 어디에도 배움의 즐거움, 문화 향유의 아름다움과 관련된 요소는 찾을 수 없었다. 아이의 지적 발달에 좋다는 활동으로 채우고 채웠다. 그렇게 키워낸 아이가 학업에서 뛰어난 성취를 거두어 나의 트로피가 되어주기를 바랐다. '애 잘 키운 엄마'라는 소리를 듣고 싶었다. '난 내 아이들을 행복한 영재로 만들 수 있어. 내 욕심이 아니야. 아이의 미래를 위해서야.' 아이를 잘 키워서 능력 있는 엄마로 돋보이고 싶은 흑심을 외면한 채, 이 모든 노력은 아이의 행복을 위해서라고 포장했다.

하지만 아이의 아웃풋을 위해 다양한 활동을 할수록 내 마음은 힘들어졌다. '이만 하면 됐겠지?'라고 생각하고 고개를 들면 내 아이보다 더 뛰어난 역량을 가진 다른 아이들만 눈에 들어왔다. 지금 당장 아이가 탁월한 아웃풋을 드러내기를 기대하며 노력하는 하루하루는 밑 빠진 독에 물 붓기나 다름없었다. 나의 자녀 교육 방향은 '나와 내 아이'가 아니라 '남들이 하는 만큼'에 맞춰져 있었기 때문이다.

어느 날, 두 딸은 내가 애써 벽에 붙여놓은 단어 카드를 모두 떼어버리고 숫자 세기 칩으로 역할놀이를 하고 있었다. 그 모습을 보며 스스로 물었다. "우리 아이들은 학습 내용에 관심이 있는가?" 2~5세의 다른 아이들은 어떨지 모르지만 내 아이들은 아니었다. 두 딸은 학습 놀이를 시작해도 놀이에 집중할 뿐 학습 내용에는 관심을 보이지 않았다. 풀지 않고 쌓아놓은 워크북 무더기를 보며 다시 물었다. "나는 이 아이들을 의자에 앉혀놓고 읽기와 쓰기를 주입식으로 가르칠 수 있는가?" 다른 부모들은 어떨지 모르지만 나는 아니었다. 초등학교 1학년도 15분 이상 집중하기가 힘든데, 미취학 유아인 두 딸을 데리고 주입식 학습을 시작할 엄두가 나지 않았다.

배움의 방향을 새로 잡아야 했다. 그날부터 유아 교육 목표 및 교육 심리에 관한 이론을 다시 공부했다. 내 아이들의 인지발달 단계를 파악하고, 이에 맞는 교육 목적과 방법을 다시 세웠다. 학생이 아닌 유아인 두 딸을 위해 '자연스럽고 즐거운 배움의 분위기를 조성'하는 데 목적을 두고, 두 딸의 흥미와 나의 성향을 고려하여 생활 속에서 실천할 수 있는 활동을 골랐다. 그리고 양육의 초점을 '아이의 아웃풋을 위한 나의 행동'이라는 단기적인 관점에서 '아이에게 배움의 즐거움을 심어주는 나의 행동'이라는 장기적인 관점으로 바꾸었다. 교육의 방향을 '비교에 근거한 아이의 성취'가 아니라 '우리 가족의 상황에 맞춘 배움의 분위기 조성'에 맞춘 것이다.

이번 장에는 학습과 관련된 교육학 정보와 유아기 인지발달 순서에 따른 가정 내 학습 문화 조성 방법이 나와 있다. 주 양육자인 내가 편안하게 실천하였고, 쌍둥이 두 딸의 눈높이에도 딱 맞춘 구체적이고 실용적인 내용이다.

엄마인 내 눈에 아무리 좋아 보이는 인풋을 아이에게 주더라도, 아웃풋을 출력하는 사람은 내가 아닌 아이이다. 내 뜻대로 아이를 만들려는 마음은 아이와 나를 힘들게만 할 뿐이다. 아이를 똑똑하게 잘 키워보려고 했을 때는 해도 해도 끝이 없고 뒤처지는 기분이었다. 하지만 아이와 함께하는 활동의 목표를 '배움이 즐거운 분위기 만들기'로 바꾸고 나니 무언가를 하면 할수록 성취감이 차올랐다. 가정의 문화는 양육을 통해 형성되어 전수된다. 이제 '자녀의 사회적 성공을 위한 학업 계획하기'가 아니라 '즐거운 배움으로 가득한 우리 가정의 문화 만들기'를 시작해보자.

이 교구는 꼭 필요해요

"교구, 사지 마라." 임신 중에 어느 육아책을 읽다가 '교구'라는 걸 처음 알게 되었다. 저 강렬한 문장이 머릿속에 남아 오히려 교구가 뭔지 궁금해졌다. 교구 회사 홈페이지에 들어가 상품 설명문을 찾아보았다. 원목 교구 상자, 연계 도서, 가이드북 구성에 방문 선생님의 체계적인 지도가 화룡점정을 찍었다. '이거 사주면 우리 딸들도 단추 잘 채우고, 블록 잘 쌓고, 정리 정돈도 스스로 하겠는데? 이거 완전 딱이야!' 윤기 나는 저 원목 교구만 있으면 내 아이의 대근육, 소근육 더욱 발달하고, 타고난 지능과 후천적인 노력이 만나 인지발달 수준이 수직으로 상승할 것만 같았다. 거실 한쪽에 교구만 가지런히 놓으면 '애들이랑 뭐 하고 놀지?' 고민도 사라지고, 방문 선생님이 와주신다면 짧게라도 자유 부인이 될 수 있었다.

방문 센터에 구입 문의 전화를 했다. 센터에서는 얼마인지 제대로 알려주지도 않고, 집 주소를 묻더니 물건을 팔러 갈 수는 있지만 '지역 여건상 방문 선생님은 갈 수 없는 지역'이라고 답했다. 마음이 확 식었다. 더 고민해보겠다며 전화를 끊고 다시 검색했다. 친절한 엄마들의 상세한 포스팅 덕분에 교구의 구성 및 가격, 수업 형태에 대해 알 수 있었다. 교구 세트는 수 감각, 일상 감각, 도형 감각 등을 키워주는 구성이었다. 그런데 생각보다 교구 가격이 비싼 데다가 수업료 또한 별개였다.

수업 도구는 학습 목표를 달성하여 아이의 성취를 돕는 목적으로 설계된다. 목표 성취와 연관 없는 도구라면 쓸모가 없다. 도구의 형태와 종류보다 더 중요한 것은 주어진 도구를 활용하는 목적과 방법이다. 그럼 목표를 성취할 수 있다면 어떤 형태의 도구든 상관없지 않을까? 벌떡 일어나 교구를 대체할 살림 도구와 장난감을 찾아 메모했다. 생소한 교구는 낱개로 살 수 있는지 검색했더니 내가 구입하기에 부담 없는 가격의 단품 교구들이 줄줄이 나왔다.

교구 세트 구입은 과감하게 나중으로 미뤘다. 다음에 아이에게 꼭 필요한 교구가 생기면 저렴한 세트를 사기로 마음먹었다. 가정 경제에 부담 없고, 엄마도 행복하고, 아이도 풍족하게 사용할 최선의 방법이었다. '어떤 도구를 갖추었느냐'보다 더 중요한 것은 '도구를 어떻게 활용하느냐'임을 기억하고, 벌렁대는 지름신을 붙들었다.

교구 대신 이론서를 사다

굳은 마음으로 교구를 사지 않았지만 아쉬움은 남았다. 많은 부모가 유아 교구를 구매하고 활용하는 데는 이유가 있을 것 같았다. 프뢰벨과 몬테소리. 듣자마자 원목 교구가 떠오르는 두 단어는 유럽의 교육 실천가들의 이름이다. 아쉬움을 어떻게든 달래보려고 교구 회사가 롤모델로 삼은 두 교육 실천가의 사상을 찾아보았다.

프리드리히 프뢰벨Friedrich Fröbel은 '아동은 자발적인 놀이를 통해 내면의 본성을 발현하여 배운다'는 생각으로, 아동이 스스로 본질을 발견하며 놀 수 있도록 교육 환경을 정확하고 명료하게 설계하였다. 이를 위해 아동이 외부 세계를 올바르게 관찰하고 인식하는 데 도움 주는 교육 도구인 은물을 고안했다. 한편 마리아 몬테소리Maria Montessori는 '아동은 양육자나 교사의 가르침이 아닌 자신을 둘러싼 환경을 통해 세상을 배운다'고 보았다. 이에 아동의 배우려는 욕망을 일으키기 위해 아동의 신체 크기에 맞는 작은 도구를 만들고, 교육 환경을 영역별로 구분하여 정돈하였다. 이를 통해 아동이 누군가의 도움 없이 스스로 감각을 발달시키며 지적으로 성장할 수 있도록 도왔다.

프뢰벨과 몬테소리는 유아 교육 환경이 열악했던 19세기 유럽의 아이들이 자발적으로 배워나갈 환경을 조성했다. 하지만 그들이 살던 시대와 반대로 요즘은 교육 자료가 넘친다. 수백만 원짜리 교구가 아니라 1,000원짜리 숟가락으로도 프뢰벨과 몬테소리의 '자발적인 배움'이라는 교육 사상을 실천할 수 있다. 어떤 브랜드의 교구를 사용했는지는 중요하지 않다. 아이가 자발적인 놀이와 조작 활동을 통해 삶을 배우고 익혔다면 그것으로 도구는 제 역할을 다했다.

교구에 대한 생각을 정리하다

교구는 아이의 심리, 인지, 신체 발달에 도움을 준다. 그렇기에 종이 한 장으로 여러 가지 놀이를 떠올리기 어렵거나, 그 놀이법을 친절히 알려주는 매체(예를 들어 엄마표 미술 놀이를 알려주는 유튜브)를 봐도 따라 하기 힘든 양육자라면 교구의 도움을 받아도 좋다. 블록, 퍼즐, 수 세기 등 어떤 종류든 상관없다. 양육자가 교구를 일일이 준비하는 시간과 수고도 덜어준다는 장점도 있다. 교구의 가격은 배움의 질에 영향을 주지 않는다. 가정 형편에 맞는 교구를 구입하여 30분씩 두세 달 놀면 본전을 찾고도 남는다. 어떤 교구를 사느냐 마느냐를 고민하는 기준은 가격이 아니라 얼마만큼 잘 활용하느냐에 있다. 아이가 잘 가지고 놀 가능성과 외면할 가능성 모두 열어놓고 '그럼에도' 괜찮다면 구입해도 된다.

반대로 어떤 교구든 사지 않아도 괜찮다. 교구를 판매하는 홍보 문구에 현혹되지 말자. 오히려 그들의 홍보 문구를 낱낱이 뜯어보자. '소근육을 발달시켜준다고? 이런 인위적인 도구가 아니라도 집에 있는 옷의 단추를 채워보면 되지. 수 개념을 확장시켜준다고? 바둑돌이나 원목 펭귄이나 다를 게 없지. 원목 펭귄이 더 예뻐서 아이가 혹한다고? 그럼 아이가 좋아하는 핑크퐁 스티커를 사서 바둑돌에 붙여주면 되겠다. 같이 색칠하고 오려서 붙이면 소근육에 미적 감각까지 자극하겠는데?' 이런 방법으로 영유아 교구 시장의 일반적인 홍보 문구를 뜯어 보면, 특별한 교구가 아니라 일상 도구를 이용해 아이의 발달을 돕는 구체적인 활동이 떠오른다.

어떤 교구를 살지 고민된다면 '교구를 사려는 목적'을 생각해보자. 단순히 시간을 절약하기 위해서인지, 아이의 발달을 돕기 위해서인지 따져본다. 만약 아이의 발달을 돕기 위해서라면 교구와 관련된 정보를 먼저 찾아보기를 추천한다. 관련된 책도 좋고, 친절하게 잘 가공된 인터넷 정보도 좋다. 교구를 통해 얻고 싶었던 것은 무엇인지, 그 목적 달성을 위해 이것이 꼭 필요한지, 지금 우리 집 공간의 크기와 경제 사정에 무리가 없는지 한 번 더 고민해보자.

지금 우리 집에는 상황에 따라 마련한 교구들이 몇 개 있다. 물려받은 가베, 중소기업에서 만든 수학 교구, 아이가 좋아하는 캐릭터가 그려진 보드게임 등이다. 다섯 살 두 딸은 심심할 때 가베를 꺼내 꽃을 만들고, 수 배열판 위에 블록을 올려두고 주사위를 던져 나온 숫자만큼 블록을 움직이고 논다. 때로는 시크릿쥬쥬 카드로 같은 그림 찾기 게임을 하고, 도미노를 꺼내 기찻길을 만든다. 거창한 교육 목적이 있지는 않고 그저 무료한 시간을 달래주는 장난감들이다. 아이들은 엄마의 잔소리와 통제 없이 자기만의 방식으로 교구를 가지고 논다. '유아 중심, 놀이 중심'에 핵심을 둔 우리 집만의 교구 활용 모습이다.

특정 교구를 구입하느냐 마느냐는 아이의 발달과 상관없다. 오히려 어떤 교구든 이것을 활용하는 양육자의 마음과 태도가 아이의 자발적인 배움에 영향을 미친다. 교구는 그야말로 도구에 불과하다. 도구는 아이의 발달을 돕기 위해 사용되는 수단이다. '다른 아이들이 다 하니까 우리 아이도 해야지' 하며 양육자의 불안을 달래기 위한 용도로 교구를 구입한다면 오히려 만족도가 떨어질 수 있다. 도구의 형태, 종류, 가격보다 '양육자가 주어진 도구를 활용하여 아이와 질적인 시간을 보내는가'가 더 중요하다. 그러니 묻지도 따지지도 않고 교구를 결제하기 전에 '내가 교구를 사려는 이유'를 다시 한번 곰곰이 생각해보자.

다섯 살에는 한글 떼야죠

'아이 한글 떼기'에 대한 엄마들의 경험담은 남자들의 군대 이야기보다도 다채롭다. 플래시 카드 기법으로 아이가 돌 즈음에 한글을 인지했다, 늦어도 세 돌까지는 한글 읽기에 능숙해져야 서너 살에는 읽기 독립을 할 수 있다, 다섯 살에는 읽어야 여섯 살에 쓰고 학교에 들어간다, 입학 전에 두세 달 바짝 하면 된다, 적기 교육으로 학교에 들어가서 뗐다 등 다양한 사례에 혼란스러웠다.

두 딸이 두 살 때부터 '어떤 방법으로 아이에게 한글을 노출하는 것이 좋을까?' 고민했다. 아이랑 재밌게 노는 방법을 잘 모르고 규칙적으로 워크북 풀기도 싫어하는 나의 성향을 고려해 열심히 책을 읽어주다가 저절로 한글을 떼는 방법이 맞아 보였다. '자연스럽게 노출해서 세 살 좀 지나 단어를 읽고, 네 살에 스스로 책을 읽으면 되지 않을까?' 선배 엄마들이 "꾸준히 책을 읽어주니 아이가 스스로 한글을 뗐다"라고 했으니, 나도 막연히 그럴 수 있으리라 생각했다. 내 아이가 어떤지는 안중에도 없었다. 남들이 이 정도는 한다니까 중간쯤에 적절히 위치하면 되겠거니 싶었다.

두 딸이 세 살이 되고, 장난감과 벽에 낱말 카드를 붙이며 한글 노출을 본격적으로 시작했다. 하지만 아이들은 한글에 전혀 관심이 없었다. 수천 번은 봤을 '타요, 라니, 엠버, 지니'도 읽지 못했다. 어릴 때는 통문자 방식으로 배우면 빠르다던데 나와 우리 집 아이들은 도무지 진도가 나가질 않았다. 아이가 네 살이 되고 방법을 바꿨다. 통문자에는 관심이 없으니, 자음과 모음의 조합으로 가르치는 것이 좋겠다고 마음먹었다. 인터넷 서점에서 주문한 '한글 떼기 베스트셀러 워크북'이 도착했고, 함께 동봉된 부모용 지도서를 읽으며 연신 고개를 끄덕였다. "그래, 이거지. 그래서 통문자를 인지 못했구나. 좋아, 자모음 조합이야!" 하지만 두 아이는 워크북에 관심을 보이지 않았다. 1권까지는 그럭저럭했는데, 그다음은 나도 아이도 열정이 다 빠져버렸다. 네 살에 읽기 독립을 꿈꿨는데 읽기도 시도하지 못하고 한 해가 지나갔다.

한글 읽기를 가르치는 목적

초등학교에 입학하면 1학년 1학기 동안 국어 시간에 자음과 모음, 받침 없는 글자를 익히고, 1학년 2학기에는 받침 있는 글자를 배운다.

학생들이 글을 읽고 쓸 수 있도록 1년 동안 체계적인 한글 교육이 이루어진다. 하지만 수학 교과서를 살펴보면 상황이 다르다. 숫자와 그림으로 눈치껏 이해할 수 있지만, 교과서 속 삽화 설명이 문장으로 되어 있어서 이미 한글을 해득한 아이와 그렇지 못한 아이 사이에 간극이 벌어질 수밖에 없다.

학급당 인원이 많다면 교사가 일대일로 꼼꼼하게 지도할 시간도 부족하다. 따라서 가정에서도 한글 해득에 관심을 기울여야 아이의 독해력이 자랄 수 있다. 이때 양육자와 자녀의 마음 관리가 필수다. '주변 친구들이 다 할 줄 안다'는 압박과 '생각보다 쉽게 따라오지 않는 내 아이의 한글 해득 속도' 사이에서 양육자가 마음을 다잡기는 쉽지 않다. 자존심이 센 아이라면, 한글을 줄줄 읽는 다른 친구들과 비교하며 좌절하거나 학업 효능감이 떨어질 수 있다.

이런 사정을 아는 터라, 아이들이 다섯 살이 되자 한글 읽기를 대하는 나의 마음이 달라졌다. '이제는 내가 한글을 더 적극적으로 노출해야 할 때야. 더 늦으면 내가 아이를 괴롭힐 게 분명해. 집안의 평화를 위해 하루에 단어 카드 여섯 장 읽기부터 시작하자. 애들이 당장 읽을 수 있느냐는 중요하지 않아. 엄마가 읽기 환경을 만들어주는 것, 그게 다야.' 속도가 아니라 방향에 초점을 맞추자 한글 읽기에 새로운 가치가 더해졌다. '몇 살이 되면 당연히 할 줄 알아야 하는 과제'가 아니라 '읽게 되면 일상에서 할 수 있는 것들이 더 많아지는 소중한 기회'라는 생각이 들었다. 머릿속에 자리 잡은 새로운 개념이 자연스러운 말로 이어졌다. "조금씩 하니까 벌써 '엄마'도 읽을 수 있네. 진짜 멋지다. 하니까 되네. 하니까 할 수 있네."

한글 해득의 시기, 아이와 엄마의 타이밍

아이에게 한글 읽기를 가르치는 방법은 크게 두 가지다. 자음과 모음의 체계를 배우고, 반복하여 연습하는 '발음 중심 접근법'과 익숙한 이야기나 실생활 단어를 중심으로 읽기를 가르치는 '총체적 접근법'이다. 전자는 양육자들이 흔히 알고 있는 '낱글자 조합', 후자는 '통문자 인지' 방식이라고 생각하면 쉽다. 발음 중심 접근법은 효율적이지만 아이의 인지발달 수준이 자모음 결합을 이해할 수 있을 만큼 성장한 상태여야 효과적이다. 총체적 접근법은 아이가 흥미를 느끼고 활동에 참여하지만, 가르치는 사람의 노하우와 인내심이 요구된다. 두 가지 방법을 적절히 혼용하여 가르치는 것을 '균형적 접근법'이라고 하는데, 가정에서 한글 노출을 시작할 때 이 방법을 추천한다.

나는 '아이의 한글 공부를 매일 조금씩 도와준다'는 행동에 초점을 맞추고, 쉽게 실천할 방법 두 가지를 정했다. 먼저, 총체적 접근법으로 아이들이 읽을 거리를 곳곳에 비치했다. 편안한 마음으로 틈 날 때마다 쉽게 글자를 노출하기 위해서였다. 책장에 모셔두었던 한글 교재를 거실 바닥에 두고, 펜으로 찍으면 소리가 나오는 워크북은 침대 위로 옮겼다. 먼지가 뽀얗게 내려앉은 낱말 카드는 바구니 두 개에 나누어 욕실 문 앞과 식탁 위에 올려두었다. 각을 잡고 책상에 앉아 한글 교육을 하기에는 나부터 마음의 준비가 되지 않았다. 편안한 마음으로 틈 날 때 한두 장씩 꺼내 손가락으로 짚어가며 읽기 시작했다. 다음으로, 발음 중심 접근법으로 잠자리 독서 시간에 2~3분 정도 짧은 시간 동안 자음과 모음 체계를 알려주는 한글 교재를 읽었다. 스티커 붙이기, 글자 쓰기 등은 하지 않고 동화책처럼 읽었다. 한글 교재가 지루할 때는 단어 카드 여섯 장을 낱글자로 쪼개어 읽기도 했다.

은이는 즐겁게 반응했다. 먼저 읽자며 카드를 가져오기도 하고, 큰 소리로 따라 읽었다. 한글도 스펀지처럼 쭉쭉 빨아들였다. 반면 연이는 좀 달랐다. 이야기를 재밌게 즐기고 싶은데, 주의를 집중하여 글자를 읽어야 하니 힘들어했다. 연이에게는 글자를 눈으로만 봐도 충분하다며 한글 읽기의 부담을 덜어주었다. 내가 읽어주는 단어 카드에 눈길만 주어도 진심으로 칭찬하며 "새로운 거 해보려니 좀 힘들지? 이렇게 조금씩 하다 보면 어느새 잘될 거야"라고 말해주었다. 연이는 은이와 다르지만, 자기만의 속도로 한글을 받아들였다.

이런 실낱같은 한글 교육을 6개월 이상 꾸준히 지속한 결과, 여섯 살을 앞둔 지금, 두 딸은 한글을 어느 정도 읽는다. 은이는 받침 있는 글자까지 다 읽고, 연이는 받침 없는 글자를 곧잘 읽는다. 앞으로 두세 달 정도 얇은 책을 함께 읽으면 일곱 살에는 글을 자연스럽게 읽게 되지 않을까 싶다. 한글 쓰기 지도는 5세 8개월부터 좋아하는 책 제목 따라 쓰기로 시작했다. 일주일 한두 번 정도로 가느다랗게 이어가고 있다. 초등학교 입학할 때쯤 되면 한 문장으로 자기 생각 쓰기가 가능하지 않을까 기대해본다.

한글 읽기는 시험이 아니다. 기간이 정해져 있고, 결과로 점수를 매기는 활동이 아니다. 한글 읽기는 자연스러운 활동이다. 인류가 문자를 만들고, 전승해오며 발전된 독특한 문화 활동이다. '언제 한글을 읽었는가'로 아이의 가능성을 판단하고, 미래를 예측하는 것은 금물이다. 한글은 삶을 위한 도구일 뿐, 삶의 결과가 아니다.

아이의 언어 민감기는 분명 있다. 양육자가 그것을 재빠르게 알아차리고 환경을 제공해준다면 금상첨화다. 하지만 그 시기를 놓쳤다고 해서 죄책감을 가질 필요는 없다. 나처럼 '더 이상은 안 되겠는데. 내 아이를 좀 도와줘야겠어'라는 생각이 들 때 시작해도 충분하다. 단, 조심할 점이 있다. 하루의 분량이 아이의 역량을 과도하게 넘어서지 말 것. 3분 전에 함께 읽은 낱말을 아이가 모르더라도 화내지 말 것. '아'를 천 번은 노출해줘야 '아'를 읽게 된다는 마음으로 꾸준히 노출할 것! '몇 세까지 한글을 완벽하게 읽어야 한다'는 양육자의 기준을 내려놓고, 부담 없이 편안한 마음으로 아이의 한글 해득의 지원자가 되어주자. 양육자의 인내심이 해탈의 경지에 오른 어느 순간 "엄마, 이 글자가 '아기'야!"라고 말하는 날이 올 것이다.

“ 책을 읽어주면 똑똑해져요 ”

우리는 ‘독서가 삶을 풍성하게 만들어준다’는 사실을 알고 있다. 그래서 많은 양육자들이 아이에게 평생 독서 습관을 만들어주기 위해 아이가 아주 어릴 때부터 책을 읽어준다. 나도 그랬다. 내 아이가 ‘독서’라는 좋은 습관을 통해 안정적인 정서를 가지고 높은 학업 성취를 보이며, 자기 삶을 긍정적으로 대하는 태도를 갖기를 바랐다. 이렇게 야무진 꿈을 꾸며 아이가 태어난 순간부터 지금까지 매일 책을 읽어주고 있다. 길다면 긴 시간 동안 아이에게 책을 읽어주는 ‘책 육아’를 실천하면서 생각대로 되지 않는 게 책 육아임을 알았다. 내가 아이들과 함께 책을 읽으며 몸으로 부딪쳐 깨뜨린 책 육아의 네 가지 편견이 있다.

첫 번째, 책을 읽어주면 모든 아이가 다 좋아하는 줄 알았다. 좋아하지 않을 이유가 없지 않은가. 얇은 종이를 넘기는 감촉, 종이에 그려진 화려한 그림, 문장을 통해 전해지는 스토리의 감동! 아이가 아직 책의 맛을 몰라서 그렇지, 내가 흥미에 맞는 책을 준비하여 소리 내어 읽어주면 금세 책과 사랑에 빠질 줄 알았다. 하지만 쌍둥이 두 딸 중 연이만 책을 좋아했다. 연이는 아침에 일어나자마자 책을 펼쳐 보고, 놀다가도 책장에서 책을 꺼내 읽었다. 만약 연이 한 명만 키웠다면 내가 책을 읽어줘서 그런 거라 착각했을 것이다. 난 두 딸에게 똑같은 책으로 똑같은 양만큼 읽어주었는데 연이만 책에 관심을 보였다. 은이는 엄마가 책을 읽거나 말거나 몸으로 부대끼며 놀기를 더 좋아했다. 아이가 책을 좋아하느냐 안 좋아하느냐는 엄마의 노력이 아니라 아이의 취향에 달린 문제이다.

두 번째, 책을 읽어주면 저절로 똑똑해지는 줄 알았다. 전혀 아니었다. 내가 책 제목을 손가락으로 짚으면 두 딸은 빨리 이야기를 읽으라고 성화였다. 다음 내용이 뭐냐고 은근슬쩍 물어보면 책은 엄마가 읽는 거라며 입을 꾹 다물었다. 과학 동화책을 읽어주면 아이는 내용보다 그림에 푹 빠졌다. 수학 동화를 읽어주면 아이들은 그림만 관찰하다가 다른 책 읽어달라며 책장을 덮었다. 상식이 쌓이는 쪽은 아이가 아니라 소리 내어 책 읽는 나였다.

세 번째, 책을 영역별로 골고루 좋아할 줄 알았다. 과학, 사회, 인물, 창작, 명작 등 무궁무진한 장르 중에서 아이는 마음에 드는 책만 골라 읽었다. 과학 전집에서는 밀가루 책만 가져오고, 명작 전집에서는 공주 책만 펼쳤다. '반복 독서'가 아이들의 특징임을 알면서도, 아이가 다 읽지 않은 책들이 아까웠다. 다양한 책을 읽어야 머릿속 시냅스들이 연결되고 확장될 텐데, 왜 꼭 하나만 읽는 걸까 답답했다.

네 번째, 비싼 책이 좀 더 좋은 줄 알았다. 취학 전 아이들의 책은 '전집 vs 단행본, 중고 책 vs 새 책'으로 나뉜다. 이 중에서 나는 순전히 가격 때문에 중고 전집을 선호했다. 단행본을 한 권씩 골라 담는 것이 번거로웠고, 새 전집은 너무 비싸게 느껴졌다. '깨끗한 새 책, 비싼 책이 아이들의 흥미를 더 돋우진 않을까'라는 고민도 했지만, 중고 전집을 6년간 구입해보니 아이들은 새 책이든 헌 책이든 자기 마음에 들면 가리지 않고 다 보았다. 그림책으로서 가치가 훌륭한 단행본이라 할지라도 아이의 관심 밖이면 땡이다. 몇백만 원을 들여서 전집을 사도 책장에서 벽지가 되어버리면 끝이다. 거기다가 "너는 왜 비싼 책을 안 보냐"라고 화라도 내면 아이는 책이랑 더 멀어진다. 사주는 내 마음이 편하고, 읽는 아이 마음도 즐거운 책이 최고다.

책 육아의 목표 바로 세우기

나는 영역별로 고르게 책만 열심히 읽어주면 아이가 저절로 똑똑해질 줄 알았다. 하지만 아이는 읽어준다고 다 좋아하지 않았고, 골고루 사줘도 좋아하는 책만 읽었다. 그렇다고 5년이 넘도록 매일 읽어준 책을 하루아침에 놓을 수는 없었다. 책이 주는 효용성을 엄마인 나부터 뼈저리게 느꼈기에 책 육아의 목표를 새롭게 설정하여 마음을 다잡기로 했다.

우선, 이야기의 재미를 최우선으로 따졌다. 책 속에 담긴 이야기가 재밌다고 느껴져야 그다음 내용이 궁금해서 아이가 손에서 책을 놓지 않을 것이다. 재밌는 이야기를 듣고 생각하여 자기 언어로 표현하는 과정을 거치면 아이의 사고력, 추론능력, 언어구사력은 자연스럽게 발달한다. 다양한 비문학 책으로 배경지식을 쌓지 않더라도 좋아하는 책을 읽으며 키운 역량은 훗날 적재적소에 발휘될 것이다. 이렇게 당장 학습적인 결과로 드러나지 않더라도 가족 모두가 편안하게 책을 읽는 문화를 만드는 데 힘쓰리라 다짐했다.

이렇게 마음을 먹고 나니, 아이가 원하는 책과 좋아할 만한 책을 하루에 적어도 세 권만 읽어주면 독서 교육은 끝이었다. 배경지식을 골고루 쌓을 영역별 전집이나 나이별로 읽어야 하는 추천 도서들을 억지로 읽을 필요가 없었다. 내가 세운 목표는 배경지식의 확장이 아니라 이야기의 재미를 느끼고, 독서 역량을 키우는 것이니까. 아이가 책에 호감을 느끼고, 독서가 습관으로 자리 잡는다면 나머지 열매들은 부수적으로 따라오는 결과에 지나지 않는다.

아이 독서 습관 기르기의 정석

아이 독서 습관 기르기에는 정석이 있다. 바로 '느릿느릿, 하지만 꾸준히'다. 멋진 근육을 만들기 위해서는 몸에 좋은 음식을 먹고 꾸준히 몸을 움직여야 한다. 독서 근육도 마찬가지다. 아이가 좋아하고 필요로 하는 책을 꾸준히 읽어주고, 아이가 책을 거부하더라도 참을 인을 새기며 좋아할 만한 책 표지라도 함께 보고, 아이가 심심해서 책을 펼칠 시간을 넉넉하게 확보해주어야 한다. 양육자와 함께하는 시간이 많은 어린아이일수록 이 과정은 조금 더 유리하다. 서너 살만 되어도 유튜브와 게임의 유혹에서 벗어나기 쉽지 않지만, 양육자가 굳게 결심하고 하루 20분 책 읽어주기를 실천하면 아예 하지 않는 것보다 훨씬 낫다. 아이들이 좋아할 만한 웃기고 더럽고 미스터리한 책도 괜찮다. 뭐든 함께 읽다 보면 책이라는 존재와 급격히 가까워지기도 한다.

다섯 살 두 딸은 책을 재밌어한다. 뒷 이야기가 궁금해 다음 페이지를 흘깃흘깃 훔쳐 보고, 책 택배가 도착하면 상자를 뜯어 마음에 드는 책을 먼저 펼쳐 읽는다. 사고력과 언어구사력도 뛰어난 편이다. 자기 의견을 피력할 때면 논리 정연하게 이유를 대어 기어코 나를 설득해낸다. 며칠 전 나는 여섯 살이 되는 딸들을 위해 읽기 쉬운 문고판 책을 주문했다. 아이들이 당장 읽을지는 모르지만, 나부터 책을 미리 읽어두고 마음의 준비를 하기 위해서다. 그림책에서 문고판, '엄마가 읽어주기'에서 '아이 스스로 읽기'로 가는 길목이 매끄럽도록 우리만의 책을 찾아가는 과정에 있다. 오늘 아이와 책을 읽자. 독서 교육의 달콤한 결실은 어떤 형태로든 분명 맺힐 것이다.

“입학 전에 구구단은 떼야죠”

두 살 두 아이와 온종일 집에 있으려니 무료했다. 뭔가를 해줘야 한다는 생각이 컸다. 흰 종이에 추상화만 그리는 아이들을 위해 온라인 서점에서 유아용 컬러링북을 검색했다. 스크롤을 내리며 상품을 살펴보다가 깜짝 놀랐다. 2세용인데 숫자 쓰기뿐만 아니라 한글 쓰기, 알파벳 쓰기 등 초등학교 저학년이 배울 법한 학습 요소로 가득했다. 이제야 두꺼운 크레용을 손에 쥐고 동그라미를 그리기 시작한 아이들에게 이게 가능할까 의문이었다.

눈을 크게 뜨고, 다른 워크북들도 죄다 훑어보았다. 놀랍게도 취학 전 워크북의 세계는 한글, 영어, 수, 한자가 핵심이었다. 눈높이에 맞는 색칠하기, 미로 찾기, 스티커 붙이기는 흥미를 돋우기 위한 구색 맞추기로 끼워져 있을 뿐이었다. 원래 사려고 했던 건 캐릭터 스티커

북과 컬러링북이었는데, 그마저도 한글과 수학이 절묘하게 어우러져 있었다. 비슷해 보이는 워크북을 이리저리 비교하다가 결국 아이가 좋아하는 로보카 폴리 캐릭터가 그려진 워크북 세트를 주문했다.

며칠 뒤 워크북이 도착했다. 나는 '과연 아이들이 워크북의 의도대로 학습을 시작할까?'라는 궁금증을 품고 택배 상자를 뜯었고, 아이들은 '새로운 장난감이 도착했다'는 설렘에 어깨를 들썩였다. 상자에서 로보카 폴리 워크북 세트를 꺼내자 아이들이 탄성을 지르며 워크북을 받아 들었다. 아이의 관심 사로잡기는 성공이었다.

은이는 곧장 워크북을 펼쳐 색연필로 색칠했다. 연이는 숫자 쓰기 워크북에 그려진 작은 그림을 보았다. 은근슬쩍 연이 곁으로 다가가 손가락으로 그림을 짚었다. "그림 진짜 예쁘다~! 빨간 사과가 여기 있네. 하나, 둘, 셋…." 연이는 내 얼굴을 한 번 보더니 다음 페이지로 훅 넘겨버렸다. 이게 아닌가? 다음 페이지에는 경찰차가 여섯 개 그려져 있고, 숫자 6이 쓰여 있었다. "우와, 삐뽀삐뽀 경찰차다. 하나, 둘, 셋…." 연이는 또 휙 책장을 넘겼다. 두 번이나 거절당하고 나니 워크북을 열심히 지도해보려던 나의 의욕이 확 꺾였다. 내심 기대하고 산 워크북인데 아이는 그림만 뚫어져라 쳐다보았다.

은이도 옆에서 숫자 쓰기 워크북을 보고 있었다. 그런데 좀 이상했다. 비행기가 스무 대가 그려져 있고 20이라고 쓰여 있었다. 옆 페이지에는 자동차가 서른 대 있었다. 분명 2세용 워크북이고 책 제목도 '우리 아이 첫…'으로 시작하는데, 20 이상의 수를 세고 읽고 쓰는 활동이 나오다니 의아했다. 게다가 20에서 30으로 10씩 뛰어 센다니 아이가 수의 의미를 제대로 이해하고 쓸 수 있을까 염려되었다.

유아 수학 교육을 이해하다

심리학자 피아제가 제시한 인지발달 단계에 의하면 취학 전 유아는 전조작기에 해당한다. 이 시기의 아이는 감각 기관을 통해 대상을 받아들이기 때문에 관계나 분류와 같은 논리적 사고가 어렵다. 초등학교 1, 2학년이 되어야 아이의 인지가 구체적 조작기로 발전한다. 수 개념 또한 직접 경험한 것을 바탕으로 논리적으로 발달하기 때문에 구체물과 다양한 그림을 이용해 지도한다.

이러한 아동 발달 단계를 고려하여 초등 수학 교육과정에서는 1학년 1학기에 수 세기가 나온다. 일대일 대응으로 수를 세고, 순서수(첫 번째, 두 번째…)와 집합 수(한 개, 두 개…)를 익히고, 아라비아 숫자 쓰기를 배운다. 1학년 2학기에는 100까지의 수를 배우고, 두 자릿수와 한 자릿수의 덧셈과 뺄셈을 익힌다. 2학년 1학기에는 두 자릿수와 두 자릿수의 덧셈과 뺄셈을 익히고, 2학년 2학기가 되면 곱셈 구구법을 배운다. 초등 수학 교육과정의 당연한 수순이다.

학부모들도 아이들도 초등 저학년 수학을 쉽게 생각하지만 막상 실전에 들어가면 당황한다. "다 아는 거예요"라며 미리 선행한 학생도 구체물을 이용하여 수학 개념을 심도 있게 다루면 "이런 거 안 배웠어요"라고 말한다. '기계적인 연산'과 '생활 속에서 수의 의미를 깨닫고 사칙연산을 적용하여 문제 해결하기'는 다르기 때문이다. 이런 사정을 알기에, 난 우리 아이들에게 초등학교 입학 전까지 천천히 100까지 수 세기와 손가락을 이용한 덧셈, 뺄셈 정도만 알려주면 충분하다고 생각했다.

2세용 워크북에서 99까지 세기를 발견하고 충격에 휩싸였다. 내가 모르는 유아 수학 사교육 시장이었다. 이렇게 막혔을 땐 학습 이론서를 찾아보는 게 가장 정확하다. 인터넷에서는 엄마들의 욕망과 사교육의 자본이 얽혀서 진짜 정보를 찾아내기가 어려워 유아 수학 교육과 관련된 책을 주문하여 읽어보았다. 이정욱 외 5인이 공저한《유아수학교육》(정민사)에는 유아에게 수학 개념을 지도하는 수업 방법 및 성취도를 판단하는 평가 도구가 제시되어 있다. 이를 통해 유아가 '세 개를 3이라고 쓰고, 세 번째도 3이라고 쓰는 기본 개념'을 받아들이기 어렵다는 사실을 알게 되었다. 전국수학교사모임 유아수학사전팀이 지은《개념연결 유아수학사전》(비아에듀)에는 유아 수학과 초등 수학의 연계성을 제시한다. 여기에는 유아가 헷갈리기 쉬운 수학 개념과 이를 가정에서 지도하는 방법이 잘 안내되어 있다. 아이 수준에 따라 취학 전 연산 문제집을 접해도 되지만 무리하게 진행할 필요가 없다는 확신이 들었다. 적어도 내 아이들에게는 워크북보단 엄마와 함께하는 말놀이와 보드게임이 배움의 즐거움을 느끼는 데 더 효과적으로 보였다.

수학은 일상에서 시작한다

많은 사람이 '수학은 어렵다'고 생각한다. 수학에 대한 공포는 유아 수학 사교육 시장에도 깊이 파고들었다. 두세 살만 되어도 앵무새처럼 수를 외운다. 네다섯 살이 되면 수학 연산 학습지를 시작하고 취학 전에는 곱셈 구구 노래를 부른다. 수학적 재능을 타고난 아이가 할 법한 선행 학습이 대부분의 미취학 아동에게 무분별하게 이루어지고 있다. '지금 해둬야 나중에 덜 힘들다'라는 카더라식 정보와 이를 이용하는 사교육 시장의 활성화로 양육자는 자녀 교육의 중심을 잡기가 어렵다.

나 또한 그랬다. 초등 교육 현장에서 수년간 수학 교과를 지도했음에도 내 아이의 수학 교육은 막막했다. 아이의 발달 단계와 수학 교육과정의 체계적인 구성을 알면서도 '내 아이가 잘했으면 좋겠다, 나중에 힘들지 않았으면 좋겠다'는 욕심에 눈이 어두워졌다. 다섯 살 아이를 둔 지금도 수시로 흔들린다. 덧셈, 뺄셈 기호가 나열된 드릴형 연산 문제집을 당장이라도 사고 싶다. 이 글을 쓰면서도 인터넷 서점을 몇 번이고 들락거렸다. (그래서 글쓰기가 무척 힘들었다.) 그럴 때마다 유아 수학 베스트셀러 워크북의 목차와 상세 설명을 훑어보며 고개를 저었다. '이건 초등학교에 입학해서 시작해도 충분한 것들이야.' 공교육 안에 머무르는 한 12년은 지속해야 할 수학 학습의 여정을 떠올리며 마음을 다잡았다.

대신 아이와 시간을 보내며 수 감각을 기르는 활동을 한 가지씩

하고 있다. 과자를 먹다가 "누구 과자가 더 많이 남았을까?"라며 묻고, 주먹에 보석칩을 몇 개 숨기고 "엄마 손에 보석이 몇 개 있을까?" 하며 흥미를 유발한다. 도형 감각을 길러주는 놀이도 한다. 나무 블록을 쌓아서 "엄마랑 똑같이 만들어볼 사람?" 하며 참여를 유도하거나, 색종이를 접으며 "나비 접는 방법 좀 가르쳐줘~"라고 모른 척 물어본다. 길을 걷다가 "횡단보도에서 하얀 곳만 밟기!"를 하며 규칙적인 패턴을 익힌다. 이런 활동을 통해 아이들은 추상적인 수학 개념을 일상 곳곳에서 오감으로 받아들이고 있다. 이 정도의 노력만으로도 다섯 살 두 딸은 10 이하의 수 가르기와 모으기를 할 수 있다. 달력의 두 자릿수를 읽어내고, 소마큐브로 유니콘을 만들어서 똑같이 만들기 게임도 한다.

지금 내 아이가 3+3을 모른다고 해서 앞으로도 모르지 않는다. 지금 내 아이가 한 자릿수 연산에 능숙하다고 해서 나중에도 수학 학습을 좋아할 거라고 보장할 수 없다. 아이의 수학 문제 해결 능력(이것이 시험 결과에 국한된 것이라면 더더욱)은 다년간의 복합적인 경험이 어우러져 형성된다. 어제 워크북을 잘 풀었다고 해서, 오늘 워크북을 풀지 않는다고 해서, 내일 워크북을 풀 예정이라고 해서 아이의 수학 실력이 완성되는 것이 아니다. 미취학 아동일수록 더더욱 그렇다.

가정에서 이루어지는 수학 교육 방법은 가정식 요리법만큼 다양하다. 내 아이의 기질과 나의 지도 성향에 맞는 적절한 활동으로 취학 전 수학 교육을 즐겁게 해보자. "이걸 해내야만 고등 수학에서 유리할 거야"라는 부모의 비장함만 좀 내려놓으면 된다. 어제의 아이와 오늘의 아이, 내일의 아이는 분명 다르다. 조금 더 편안한 마음으로 아이의 성장을 돕는 양육자가 되기를 응원한다.

과학 선행 학습이 영재를 만들어요

"요즘은 애들 과학 가르쳐주는 학원도 있어. 실험도 하고 보고서까지 써. 이건 아무것도 아냐. 코딩도 가르쳐주고 로봇도 만들어." 정보력이 남다른 지인과 아이 교육에 관해 이야기를 나누다가 흠칫 놀랐다. 초등학교에서도 중학년이 되어야 시작하는 실험 보고서 작성과 고학년에 등장하는 코딩 교육을 취학 전 아이들에게 지도하는 사교육 시장이라니! 정말 대한민국 유아 사교육 시장은 '빠름 빠름'이었다.

4, 5세 아이를 대상으로 과학 교과의 어떤 내용을 어떤 방법으로 가르치는지 궁금해서 몇몇 프랜차이즈 학원을 조사했다. 3세부터 다니는 과학 학원은 주로 관찰, 분류와 같은 기초적인 탐구 과정을 실물 자료와 워크북으로 지도하였고, 5세부터는 읽고 쓰기를 할 수 있다는 전제하에 일기 형식의 관찰 일지나 보고서를 쓰게 하였다. 취학 전 시

작되는 과학 사교육은 초등학생을 대상으로 한 영재교육원으로 연계되었다. 학원들은 초등 교과 지식을 미리 익혀두면 영재교육원 입시에 유리하다며 홍보했다.

물론 사교육 시장이 나쁘다는 의미가 아니다. 과학적 사실에 관심이 많고 정보처리 능력이 뛰어난 아이라면 영재 교육을 통해 재능을 꽃피울 수 있다. 하지만 "지금부터 시작해야 당신의 아이도 과학을 잘할 수 있다, 뒤늦게 후회하지 말고 당장 시작해라" 식의 사교육 시장의 공포 마케팅이 걱정스러웠다. 과학적 개념을 먼저 익히고 실험을 미리 해두어야 초중등 교과과정을 무리 없이 따라갈까? 아이들에게 과학을 가르치는 이유가 오로지 영재교육원, 영재고등학교에 들어가서 대학 입시에 성공하기 위해서일까? 미취학 아이들에게 자연과학을 알려주는 목적은 무엇이며, 나는 내 아이들에게 어떤 방법으로 과학을 전할 수 있을까? 주변을 마음껏 관찰하고 자유롭게 살펴보며 생각 주머니를 키워야 할 어린아이들이 작은 교실 안에서 주어진 재료를 탐색하는 것으로 과학적 호기심을 기르고 창의적인 문제해결력을 함양할 수 있을까? 질문이 꼬리에 꼬리를 물었다.

스토리텔링 산책과 과학 놀이가 만나다

아이들이 한 살이 되고 걸을 수 있게 되자 손을 잡고 산책을 시작했다. 이제 막 '싫어, 가자, 엄마' 같은 간단한 단어를 말하기 시작한 아이와 걸으며 혼자만의 수다를 나눴다. "우와~ 이 담쟁이넝쿨 좀 봐! 잎사귀가 벌써 갈색이 되었어. 날씨가 점점 선선해지는 가을이 되니까 나무들도 나뭇잎 색깔을 바꾸네." 두 딸의 손에 깨끗한 담쟁이 잎을 건네주고는 발 맞추어 다시 천천히 걸었다. 두 아이가 두 살이 되면서 우리는 자주 놀이터를 찾았다. "미끄럼틀 계단 잘 올라가네~ 연이, 은이의 운동 에너지가 위치 에너지로 바뀌고 있어!" 미끄럼틀 계단을 힘차게 올라가는 아이 곁에서 감탄했다. "이야~ 높이 올라간 위치에너지가 빠른 운동에너지로 슝 바뀌었네." 슬라이드를 타고 내려오는 아이들 옆에 서서 손뼉 치며 말했다.

혼잣말을 시작한 건 '심심해서'였다. 두 아이의 손을 잡고 걷다 보면 '이리 와. 거긴 위험해. 안 돼. 더러워. 만지지 마' 같은 충고의 말만 하게 된다. 말에는 힘이 있다. 부정적인 말을 자주 내뱉다 보니 말하는 나도 괜스레 처지고, 듣는 아이들도 쉽게 주눅 들었다. 섣부른 지적 대신 어떤 말이 좋을까 고민하다가 '관찰의 말'을 시작했다.

일단 "우와~!"를 입 밖으로 내뱉고 나면 다음 말은 쉽다. 감탄 뒤에 "꽃이다"를 붙이고, 그 뒤에 '빨간 꽃이네, 장미네, 가시가 있네, 잎사귀가 작네' 같은 말을 덧붙이면 된다. 눈에 보이는 것을 이것저것 말하다 보니 아동용 자연과학 동화책에서 본 내용이 떠올랐다. 어린이책에는 어른들도 처음 접하는 정보가 쉽게 설명되어 있다. 노는 아이들 옆에서 혼자 들춰본 유아용 지식책의 내용과 내가 청소년기에 습득한 과학 지식, 교사 생활을 하며 구체적으로 익힌 과학 개념을 줄줄 떠들었다. 심심해서 수다를 떨었는데, 과학 지식을 스토리텔링 하는 효과가 생겼다.

산책 후, 집으로 돌아와서는 밖에서 경험한 동식물이나 과학 개념과 관련된 책을 꺼내어 바닥에 두었다. 간식을 먹으며 책 속 사진을 보고, 장난감을 가지러 오가다 책 표지를 보고 수다를 떨기도 했다. 바깥에서 본 풍경에 대해 이야기 나누다가 마음이 동하면 자연물을 그려보고, 작품을 벽에 붙여놓고 손뼉 쳤다.

어느덧 아이들이 세 살이 됐는데, 코로나 시국에 집에서 보내는 시간이 길어지니 답답했다. 놀 거리를 찾던 중 쉽고 간단한 '화산 폭발 놀이'를 발견했다. 산과 염기의 중성반응을 화산에 접목한 재밌는 실험이었다. 커다란 쟁반에 스테인리스 컵을 놓고, 베이킹소다를 담았다. 일회용 약병에 식초를 담아 컵에 뿌렸더니 거품이 부글부글 넘쳐흘렀다. 아이들은 손뼉을 치며 "한 번 더"를 외쳤다. 넓은 쟁반 위에서 실험을 하니 뒤처리도 간편했다.

화산 폭발 놀이를 계기로 좀 더 다양한 실험을 해보기 위해 재료를 찾아보았다. 시중에는 엄마표 과학 놀이를 위한 과학 실험 키트가 판매되고 있지만, 그 종류가 너무 적거나 고가의 세트 구성이었다. 자연스레 인터넷 서점을 찾아보니 초등 과학 교과 실험을 가정에서도 쉽게 하는 방법을 소개한 책이 있었다. 준비물도 종이, 물, 구연산, 밀가루 등 구하기 쉬운 것들이었다. 스포이트나 계량컵은 엄마표 과학 놀이 재료로 많이 판매되고 있어 쉽게 구할 수 있었다. 곧장 몇 권의 책을 구입했다.

아이들은 페이지마다 큼직하고 또렷한 실험 사진이 인쇄된 책에서 눈을 떼지 못했다. 사진을 보며 호기심을 갖고, 책에 쓰인 순서대로 준비물을 챙겨, 실험 순서에 맞추어 활동했다. 결과가 사진과 다르게 나올 때는 왜 그런지 고개를 갸우뚱거리고, 비슷하게라도 나오면 환호성을 질렀다. 아이들이 책 속 실험을 전부 다 하고 싶어 하는 바람에 가끔 너무 피곤할 때에는 책을 슬쩍 숨겨두기까지 했다.

아이가 세 살 때 시작한 과학 놀이는 다섯 살이 된 지금도 진행하고 있다. 초등 교과과정에서 다루고 있는 과학 실험은 그리 어렵지 않다. 초등 과학 교과의 목표가 과학적 개념을 주입하는 것이 아니기 때문이다. 실험의 목적을 '영재 육성을 위한 과학 개념 습득'이 아니라 '호기심을 가지고 실험하기'에 두니 마음이 편하다. 어차피 초등학교에 가서 배울 내용인데, 과학 현상을 그저 관찰하고 직접 해보는 실험이 즐거운 아이들에게 어려운 과학 내용을 미리 숙지시킬 필요는 없다.

과학은 어렵지 않다

〈2022 개정 초등학교 교육과정 슬기로운 생활과〉에 의하면, 초등학교 1, 2학년 학생들이 배우는 슬기로운 생활 교과의 첫 번째 목표는 '자신과 주변에 관심을 가지고 질문을 제기하며 지속적으로 탐구한다'이다. 그리고 〈2022 개정 초등학교 교육과정 과학과〉를 보면, 초등학교 3학년부터 배우는 과학 교과의 첫 번째 목표는 '자연 현상과 일상생활에 대한 흥미와 호기심을 바탕으로, 개인과 사회의 문제를 인식하고 과학적으로 해결하려는 태도를 기른다'라고 명시되어 있다. 이처럼 초등 과학과 교육 과정은 과학 개념을 더 많이 암기하는 것이 아니라 일상 속 과학 현상에 관심을 두고, 과학적 사고력을 발전시켜 탐구하여 의사소통하는 것에 목표를 두고 있다. 이를 위해 초등학생들은 주변을 관찰하고, 비슷한 현상을 비교하거나 대조해보고, 실험을 수행한 후 그 결과를 그림이나 글로 쓰며 자기 것으로 체화한다.

나의 아이들에게도 그런 과학을 알려주고 싶었다. 산책하며 만나는 자연 속에 숨겨진 놀라운 비밀, 쌀이 맛있는 밥으로 익어가는 과정, 재밌는 놀이 기구에 숨겨진 물리, 똥과 오줌에 대한 궁금증 등을 감탄과 호기심으로 풀어가고 싶었다. 일상에서 가볍게 과학 실험을 해도 아이가 모든 내용을 소화하진 못한다. 하지만 괜찮다. 나는 아이들에게 과학 지식을 암기하는 법이 아니라, 관찰이 호기심으로 이어져 '왜 그럴까'를 탐구하여 논리적으로 해석하는 과정, 과학탐구의 전반적인 과정을 경험하도록 도와주고 싶기 때문이다. 언젠가는 '시험'이라는 결과지를 손에 쥐고 끙끙댈 날이 오겠지만 그 시기를 취학 전으로 앞당기고 싶지는 않다. 과학의 첫 발견은 감탄과 질문이다. 그 첫 마음을 아이들에게 심어주고 싶다.

다섯 살 두 딸은 산책하다 개미집을 발견하면 멈춘다. 길고양이를 바라보고 관찰한다. 정원의 나무를 살펴보며 사계절을 느낀다. 해안가를 달려가다 물안개를 만나면 왜 그런지 물어본다. 차가운 물을 담은 컵 표면에 물방울이 왜 맺히는지 궁금해한다. 난 아이들의 시선을 따라가며 함께 이유를 탐구하고 책을 통해 자료를 정리한다. 과학은 원리를 외우는 것이 아니라 현상을 관찰하는 것에서 시작함을 기억한다. 우리의 과학은 감탄으로 시작하여 질문으로 연결되고 "그렇구나"로 마무리된다. 과학은 어렵지 않다. 일상에 스며들어 숨 쉬듯 함께하는 현상이다.

엄마표 영어도 시작하세요

"두 살에 영어로 옹알이를 하고, 세 살에 영어 단어를 말하기 시작했어요. 네 살이 되니 원어민과 대화하지 뭐예요~ 이제 다섯 살인 우리 아이는 영어책을 스스로 읽어요!" 익숙한 영어 사교육 광고 내용이다. 30여 년 전 내가 초등학교에 다닐 때만 해도 빨라야 초등학생부터 시작했던 영어 교육을 요즘은 취학 전 아니, 엄마 배 속부터 시작하는 게 대세다. 방문 선생님의 일대일 수업, 고가의 영어 전집을 구매해야 참여 가능한 센터 수업, 원어민과 함께하는 영어 뮤지컬, 화상 영어, 영어 독서, 영어 토론, 영어 유치원 등등 양육자와 아이의 취향에 맞춘 영어 사교육 방법은 종류를 다 헤아리기가 어려울 정도다.

임신 중 읽은 어느 육아책에서도 조기 영어 교육이 언급되어 있었다. 좀 특이했던 건 사교육이 아니라 가정에서 영어 교육을 한다는 점이었다. '영어 학원에 큰돈 들이지 않아도 엄마표 영어로 가능하다'는 말에 꽂혀서 관련된 여러 책을 읽어보았다. 어릴 때 시작한다는 점은 사교육과 비슷했지만 접근 방식이 달랐다. 영어책을 읽어주어라, 영어 소리에 많이 노출해라, 흥미에 맞는 영어 영상으로 모국어의 한계를 넘어서라, 집중 듣기로 책 읽기 레벨을 올려라 등등. 놀랍게도 엄마표 영어는 초등 영어 교육 석사 과정에서 배운 이론들과 일맥상통했다.

영어 교육의 목표를 설정하다

2009년부터 2년 6개월간 교육대학원을 다니며 초등 영어 지도법을 보다 깊이 배웠다. 인간이 언어를 배우고 익히는 과정을 연구한 이들 중에서 초등 영어 교육에 큰 영향을 미친 두 학자가 있다. 바로 언어학자 노엄 촘스키Noam Chomsky와 스티븐 크라센Stephen Krashen이다. 촘스키는 "사람은 선천적으로 언어 습득 장치Language Acquisition Device(LAD)를 가지고 태어난다"고 했다. 결정적 시기에 적절한 언어 자극을 받으면 자연적으로 모국어를 사용한다는 이론이다. 크라센은 이를 제2언어 학습에 접목하여, 외국어도 '이해 가능한 입력comprehensible input'이 충분히 주어지면 모국어처럼 자연스럽게 습득할 수 있다고 주장했다. 많은 양육자가 아이가 어릴 때부터 영어 사교육이나 엄마표 영어를 시작하는 이유도 이 때문일 것이다.

나도 촘스키와 크라센의 의견에 동의하여 아이가 어릴 때부터 영어 교육을 시작하기로 했다. 내가 직접 할까, 사교육 전문가에게 맡길까 고민하다가 교육 이론에 근거를 둔 엄마표 영어를 직접 실천하기로 했다. 취학 전부터 영어 사교육 시장에 큰돈을 쏟고 싶지 않다는 이유도 한몫했다. 그런데 막상 시작하려고 자료를 찾아보니 엄마표 영어 또한 '노출하는 책과 미디어의 종류, 영어 발화 유도 및 읽고 쓰기를 지도하는 시기와 방법'이 다양했다. 막연하게 엄마표 영어라는 구름 속을 헤치며 나아가기보다는 우리 아이들에게 맞는 조기 영어 교육 목표를 설정한 후 어떤 순서와 방법으로 진행할지 정하고 싶었다. 새벽달(남수진) 저자의 《엄마표 영어 17년 보고서》(청림Life)와 누리보듬(한진희) 저자의 《엄마표 영어 이제 시작합니다》(청림Life)를 꺼내 읽었다. 저자들이 왜 엄마표 영어를 선택했는지, 어떤 목표를 가지고 꾸준히 지속했는지, 자녀들은 영어를 어떻게 사용하는지 살폈다. 책 속의 이야기를 읽을수록 머릿속이 명쾌해졌다.

나는 우리 집의 취학 전 영어 교육 목표를 '아이가 영어라는 언어와 친숙해지기'로 설정하였다. 엄마표 영어는 파닉스를 빨리 떼고, 사이트 워드를 얼른 읽고, 리더스북과 챕터북 진도를 빨리 빼서 영어 학원 레벨테스트를 통과하는 속도전이 아니다. 아이가 영어라는 언어에 흥미를 느끼고, 영어로 된 책과 영상물을 즐기는 시간을 만들어주는 것이다. 단, 무엇보다 모국어가 탄탄해야 한다는 원칙을 확고히 세웠다. 아이가 한국어는 제대로 사용하지 못하면서 영어로는 의사 표현을 하는 모순을 갖게 할 순 없었다. 모국어가 주는 섬세한 언어 감각을 놓치지 않기 위해 모국어 사용 시간이 매체를 통한 영어 노출 시간보다 많도록 조절했다.

엄마표 영어 6년 실천기

나의 엄마표 영어는 동요로 시작했다. 영어 동요는 MP3 파일, 스트리밍 서비스, 유튜브 프리미엄 등 다양한 방법으로 들을 수 있지만 나는 CD를 선호한다. 너무 많은 노래들(스트리밍 서비스) 사이에서 뭐가 좋을까 오래 고민하지 않아도 되고, 알고리즘의 유혹(유튜브)에 홀리지 않으며, 파일을 저장하여 트랙을 찾는 번거로움(MP3)이 없기 때문이다. 60분 내외의 재생 시간을 가진 CD 한 장을 반복 재생 및 '3시간 뒤 꺼짐'으로 설정해두면 선택의 고민과 번거로움의 늪에 빠지지 않고 하루 세 시간이라는 영어 노출량을 손쉽게 채울 수 있다.

몇 장의 CD를 반복해서 듣다 보니 난생처음 듣는 영어 동요에 나부터 귀가 뚫렸다. 여기에 마더구스 책을 아이들과 함께 보면? 알쏭달쏭했던 가사들이 내 입에서 자연스럽게 흘러나왔다. 다 큰 어른인 나도 이런데 아이들은 오죽할까. 엉덩이를 씰룩거리며 영어 노래를 따라 부르는 아이들을 보면 웃음이 절로 났다.

두 번째로 영어책을 읽어주었다. 처음에는 CD가 한 장씩 붙어 있는 국내 출판사의 영어 원서를 샀는데 권당 가격이 1만 원 조금 넘으니 욕심만큼 구매하기에는 비싸게 느껴졌다. CD 없이 책만 있는 원서는 조금 더 저렴했지만, 같은 값으로 더 많은 책을 보여주고 싶어

중고 전집으로 눈을 돌렸다.

아이들이 한두 살 때는 토이북, 플랩북 등 다양한 형태로 구성된 국내 영어 전집이 편했다. 단문으로 구성되어 읽어주기도 쉽고, 반복되는 패턴 영어를 일상생활에서 활용하기에도 좋았다. 실제 영미권에서 사용하지 않는 형태의 부자연스러운 문장이라는 지적도 있지만, 양치하는 아이 곁에서 "Brush your teeth"라는 문장이 저절로 튀어나오는 것은 국내 영어 전집의 패턴 영어 덕분이다. 아이가 세 살을 넘어선 뒤에는 어떤 달에는 국내 전집을 들여서 책의 바다에서 유영하게 해주고, 또 어떤 달에는 영어 원서 시리즈를 구입하여 캐릭터의 세계에 입문하도록 도와주었다. 아이들은 전집인지 원서인지 구별하지 않았다. 그저 낮에는 그림을 보고 잠자리에선 엄마가 읽어주는 영어 문장을 들으며 영어책과 친해졌다.

세 번째로 아이들이 두 살 때부터 영상을 노출했다. 아이들 두 살 때까지는 영상 노출을 하지 않고 버텼는데, 두 살이 되니 내 체력이 바닥났다. 때마침 아이들도 모국어를 트려는지 영어책을 거부했다. 표면적인 이유는 아이들의 영어책 거부를 극복하기 위해서고, 숨겨진 이유는 엄마가 숨통을 트기 위해서 하루에 20분 영어 영상 노출을 시작했다. 꿩 먹고 알 먹고, 누이 좋고 매부 좋고 아니겠는가.

중고 영어 전집의 부록으로 함께 온 교육용 DVD를 보여주자 아이들은 눈을 떼지 못했다. 영상을 보던 아이들 곁에 DVD와 짝지은 책을 가져다 놓으니 영상이 끝남과 동시에 책을 펼쳤다. 영상과 책의 시너지라니! 작전 대성공이었다. 게다가 재미난 교육용 DVD가 무궁무진했다. 한두 달에 DVD 한 세트를 들이면 광고나 다른 유혹 거리에 넘어갈 틈 없이 영상 노출이 가능했다. 거기다 영어 교육이라는 구실이 있으니 영상 노출에 대한 죄책감은 발로 뻥 차버릴 수 있었다. 영어책 거부가 올 때는 DVD 캐릭터가 등장하는 원서들을 구입해 읽어주었다. 자연스럽게 영어 원서도 보고 이야기의 재미도 느끼는 효과를 누렸다.

두 살에 영어책 거부 시기를 통과한 다섯 살 두 딸은 영어 또한 재밌는 언어로 받아들이고 있다. 영어를 사용해 세상의 다양한 사람들과 이야기할 수 있다는 걸 알고 교육용 DVD도 거부감 없이 본다. 영어책도 그림을 보며 함께 듣고 영어 노래도 흥얼거린다. 어린이집에서 배운 알파벳을 연습장에 끼적이고 자랑한다. 다섯 살 아이 수준에서 영어로 듣고 말하고 읽고 쓰는 기능을 통합적으로 익혀나가는 중이다. 이대로라면 초등학교에 들어가 스스로 영어책 읽기를 시도해볼 수 있을 듯하다.

엄마표 영어를 실천한 지 6년을 꼬박 채워가는 요즘, 나의 영어 교육 목표는 '입시 성공이 아닌 소통의 도구'로 보다 명확해졌다. 당장 읽어내고, 이해하고, 퀴즈를 풀어야 하는 레벨 테스트가 아니라 세상을 이해하는 또 다른 도구로 영어를 바라보게 되었다. 나도 사람인지라 간혹 아이의 영어 아웃풋을 향한 욕심이 스멀스멀 올라올 때가 있다. 그럴 때면 주문을 외운다. "영어는 언어다." 그럼 조급함은 조금 사그라지고, DVD 영상 속 캐릭터를 흉내 내는 아이들의 서툰 영어에 감탄을 내뱉는다. 언젠가 아이가 영어를 사용하려고 할 때, 지금 쌓아둔 시간이 밑바탕이 되리라.

창의력에는 엄마표 미술이죠

두 딸은 미술 활동을 좋아한다. 말이 트이지 않은 아기 때부터 요구르트로 그림을 그리고, 볼펜으로 낙서했다. 그리기에 진심인 아이들을 보며 '다른 애들은 방문 미술 수업이니, 퍼포먼스 미술 수업이니 해서 어릴 때부터 미술을 배운다는데, 난 집에서라도 아이가 좋아하는 그리기를 마음껏 할 수 있도록 해줘야지'라고 생각했다. 이를 위해 아직 어린 두 딸이 편안하게 미술 활동을 하면서 나도 스트레스받지 않을 공간을 만들기로 했다.

아이들이 뭔가를 하고 싶어 할 때 "안 돼, 없어"가 아니라 "그래, 좋아"라고 끄덕일 수 있도록 작품 활동에 사용할 재료가 필요했다. 먼저 손힘이 약한 아이들이 자꾸 그리고 싶은 마음이 들도록 색감이 곱고 매그럽게 그려지는 채색 도구를 찾았다. 색도 적당히 다양하고 가성비 좋은 색연필과 크레파스를 쌍둥이니까 두 세트씩 장바구니에 담았다. 그림을 그리려면 종이도 필요했다. A4 용지, 팔절 스케치북, 사절 도화지, 전지를 담았다. 종류별로 구비해두면 종이 크기와 용도에 맞추어 몸 그리기, 산책하며 그리기 등에 유용하다. 색종이도 500장 대용량 상품으로 두 개 골라 담고, 안전용 가위도 여섯 개 골랐다.

"뭘 그렇게 한꺼번에 사?" 인터넷 문구점에서 여러 가지를 담는 날 보던 남편이 물었다. "응, 배송비 때문에." 우리 집 근방에는 문방구가 없다. 도화지를 사려면 차로 50분을 달려 나가야 한다. 문구류를 당장 사용할 만큼만 사려고 하니 물건 가격보다 배송비가 더 많이 나갔다. 미리 쟁여둔다고 썩는 물건도 아니니 재료가 없어서 그리기를 못 하는 일이 없도록 넉넉히 주문했다. 총 주문 금액을 보니 방문 미술 수업 2인 한 달 수업 비용과 비슷했다. 도착한 물건을 선반에 정리하고 보니, 그 양은 두 아이가 서너 달 사용할 만큼 충분했다.

아이 작품, 어디까지 개입할까

아이들과 그리기를 하다 보면 가르쳐주고 싶은 순간이 많다. '크레용 쥐는 법, 동그라미 예쁘게 그리는 법, 선 반듯하게 긋는 법' 같은 기초 기술부터 '해는 어디에 그리고, 집은 어떻게 그리며, 나무에는 무엇을 표현해야 하는지' 같은 구성까지 하나하나 다 알려주고 싶다. 나는 어렸을 적, 학교 미술 시간에 그림을 그리려고 하면 어디서부터 시작해야 할지 막막했기에 이제 답을 아는 입장에서 도와주고 싶었다. 이런 나의 마음과는 달리 아이들은 좌우로 선 긋기, 한 군데만 계속 칠해서 똥색 만들기, 색연필 부러뜨리기를 좋아했다. 나만 옆에서 괜히 쟁여둔 재료를 쳐다보고, 번듯한 엄마표 미술 작품을 검색하며 이러지도 저러지도 못하고 안절부절못했다.

독일의 미술 교사 기젤라 뮐렌베르그Gisela Müehlenberg는 저서《낙서하고 오리고 마음대로 그림 그리기》(세종미디어)에서 어른은 영유아들이 자신만의 미술 활동을 펼칠 수 있도록 다양한 미술 재료를 탐색할 수 있는 환경을 만들고, 그들의 활동에 이래라 저래라 개입하지 말고 그저 격려해주라고 했다. 아이가 만들어낸 결과물에 한마디 덧붙이고 싶을 때마다 입술을 꽉 붙였다. '나는 아이들이 흥미를 느낄 만한 재료를 제공하고, 작품 활동을 응원하는 사람'이라며 최면을 걸었다. 한 살 된 아이의 손에 크레용을 쥐여주고 선 긋기를 시키려다 멈췄다. 두 살 된 아이에게 사람의 눈, 코, 입 그리기를 알려주려다 멈췄다. 세 살 된 아이에게 사람의 몸을 그리는 법을 알려주려다 멈췄다. 눈 딱 감고 아이에게 뭔가를 가르쳐주기를 멈추고, 아이가 그리는 대로, 오리는 대로, 접는 대로 나도 똑같이 따라 했다.

미술 교육학자 로웬펠드Victor Lowenfeld의 '묘화 발달 단계'에 의하면 취학 전 유아 그림은 크게 두 단계를 거쳐 발달한다. 4세 이전까지는 '형태가 없는 난화기', 4세 이후부터 7세까지는 '형태가 드러나는 전도식기'이다. 난화기도 '무질서한 난화기, 조절하는 난화기, 명명하는 난화기'로 나뉜다. 참 신기한 것이 두 딸에게 그리는 방법을 가르쳐주지 않으려 노력하였더니, 아이들은 유아 미술 발달 단계를 자연스럽게 거치며 그림을 그렸다. 한두 살 때만 해도 색연필을 쥐고 마구 움직이더니, 좀 시간이 지나자 좌우, 상하, 대각선의 규칙적인 형태로 선을 그렸다. 두세 살이 되자 어느 순간 동그라미를 그려 '나, 엄마'라고 이름을 붙이고, 동그라미 안에 점을 찍고 막대기를 그려 표정을 완성했다. 한참 동안 사람 얼굴에서 팔다리가 튀어나오더니, 어느 순간 졸라맨으로 훌쩍 자랐다. 네 살을 넘어가니 도화지에 세모, 네모 등의 도형 여러 개를 배치하며 집 주변 풍경을 그렸다. 내가 그리는 방법을 알려주지 않아도, 아이는 혼자 힘으로 표현했다.

이제 다섯 살 두 딸은 그리기 책을 펼쳐놓고 따라 그린다. A4 용지, 사절지에 연필이나 색연필로 밑그림을 그리고 물감으로 색칠한다. 몇 달 전까지만 해도 책 속 그림과 똑같이 그려지지 않는다며 속상해했는데, 수십 번의 실패를 거듭하더니 본인만의 스타일을 찾았다. 배경을 다르게 그리기도 하고, 자기만의 표정으로 바꾸어 그린다. 드레스를 더 길게 늘여 그리고, 좋아하는 디자인의 구두로 바꿔 꾸미기도 한다. 여러 장의 종이에 그림을 그리고 스테이플러로 묶어서 그림책도 만든다.

난 여태껏 단 한 번도 아이들에게 구체물을 그리는 법을 명시적으로 가르쳐주지 않았다. 더 솔직하게 고백하자면 내가 가르치고자 시도하려는 순간 아이들은 도망가거나 그리기를 멈췄다. 나는 아이들의 미술 표현 활동을 향한 열망을 꺼뜨리지 않으려 필요한 재료를 채워주고, 끄적인 낙서를 벽에 전시하고, 좋은 그림을 함께 보려 노력했다. 그것만으로도 아이들의 표현 활동을 돕는 데는 충분했다. 내가 넉넉한 마음으로 기다려주기만 하면, 아이들은 어느새 자신만의 작품을 스스로 완성했다.

엄마표 미술의 목적을 생각하다

처음 집 안에 문방구를 차려놓고 아이들과 미술 활동을 시작할 때는 큰 뜻이 없었다. 그저 아이들이 그리기를 좋아하니 장난감처럼 가지고 놀라며 재료를 사두었을 뿐이다. 마트에 파는 장난감보다 종이 한 묶음이 저렴했고, 프랜차이즈 카페 커피 한 잔보다 색연필이 더 쌌다. 1년 치 재료 구입비를 모두 합쳐도 사교육비 몇 달 치와는 비교도 되지 않을 만큼 저렴했다.

우리 집 문방구가 허전해져 재료를 다시 주문해야 할 때가 다가오면(주로 6개월에 한 번) 아이들의 그림은 쑥 자라 있었다. 희미했던 선이 또렷해졌고, 한 가지 색이었던 그림이 알록달록 변했다. 찌그러진 감자가 작대기로 만든 표정을 가지더니, 팔다리가 자라 움직였다. 그럼 나는 아이들의 성장하는 그림을 관찰하고, 이에 맞게 미술 재료를 다르게 주문했다. 점점 색연필의 굵기가 가늘어지고, 색이 많아졌다. 다양한 두께감의 A4 종이와 여러 사이즈의 두꺼운 도화지도 들였다. 무늬 있는 색종이와 리필용 테이프도 떨어지지 않게 쟁여두었다. 네 번쯤 주문한 대용량 수채 물감을 다 쓸 때쯤 고체 물감과 얇은 붓을 주문했다.

초등학교 미술 수업 때 우리 반 아이들을 관찰해보면 종이접기를 많이 해본 아이가 자신있게 종이를 접고, 물감도 많이 다뤄본 아이가 망설임 없이 붓을 놀린다. 많이 해보았다는 것은 시행착오를 많이 겪어봤다는 의미다. 이런 아이는 미술 재료를 충분히 탐색해보았고, 자기 의도대로 작품을 만들어본 경험이 많다. 의도대로 되지 않더라도 "망쳤어"가 아니라 "다시 해보자"며 애정을 가지고 작품을 마무리한다. 이러니 "나는 할 수 있다"는 자기효능감이 높을 수밖에 없다.

엄마표 미술(이라 쓰고 재료만 준비하기)을 본격적으로 시작한 지 5년을 넘어서니 '미술 재료와 친해지기, 아이 주도로 작품 활동하기'라는 두 가지 목적이 더 뚜렷해졌다. 엄마표 미술은 절대 거창하지 않다. 아이가 집에 있는 재료를 활용하여 스스로 그리고, 오리고, 붙여가며 창작의 즐거움을 맛보면 그게 바로 엄마표 미술이다. 지금 내 아이를 위해 구입한 색종이 한 묶음과 흰 종이 한 장이 아이의 창의력을 높여준다. 아이 옆에서 "그렇게 말고, 이렇게 해봐"라는 잔소리만 꿀꺽 삼키면 아이의 자존감도 덩달아 올라간다. 재료 탐색을 통한 오감 발달 및 정서 안정은 말할 것도 없고, 자기주도성, 자기효능감, 회복탄력성이 저절로 자란다.

요즘 피아노는 기본이에요

기어 다니던 아이가 CD에서 흘러나오는 동요를 듣고 몸을 앞뒤로 흔들었다. 책장을 잡고 서 있던 아이가 노래에 맞춰 무릎을 구부렸다가 펴고, 허리를 좌우로 흔들며 몸을 움직였다. 그 모습이 귀여워서 손뼉을 치며 함께 들썩였다. 하루가 다르게 발전하는 아이들의 몸동작에 덩달아 기뻤다. 아이들의 자유로운 몸짓은 곧 춤이었다.

여느 때와 다름없이 음악에 맞춰 춤추는 아이들 곁에서 나도 함께 몸을 움직이고 있었다. 고개를 좌우로 흔들다가 거실 유리창에 비친 내 모습을 보았다. 띠로리. 후줄근한 바지에 목이 다 늘어난 티셔츠를 입고 팔을 허우적거리는, 아이보다 더 신난 엄마라니! 민망함에 얼굴이 달아오르다가 웃음보가 터졌다. '에라 모르겠다. 이왕 이렇게 된 거 내 맘대로 신나게 추자. 여기가 클럽이다! 동요 클럽~!' 때마침 가

사도 알아듣기 힘든 영어 동요가 흘러나왔다. 무슨 뜻인지 생각할 겨를 없이 리듬에 몸을 맡겼다. 힘차게 팔을 구부리고, 무릎을 가슴팍까지 들어 올리며 두 눈을 감고 춤판을 벌였다. 엉거주춤 따라 하던 엄마가 격한 몸 사위를 뽐내자 아이들은 깔깔깔 웃었다. 나의 과격한 몸짓을 따라 하던 아이들이 신나게 노래를 부르며 매트 위에서 몸을 굴렀다. 노래 부르며 뛰는 아이와 막춤 추는 엄마가 서로를 바라보며 신나게 웃었다.

이렇게 흥에 몸을 맡기던 한두 살의 몸짓 시기가 지나자, 아이들은 노랫말과 가락에 어울리는 율동을 시작했다. 〈나비야〉 노래가 나오면 팔랑팔랑 날갯짓하고, 잔잔한 클래식이 나오면 느리게 팔을 뻗었다. 누가 시키지도 않았는데 음악의 분위기에 맞추어 여지없이 몸을 움직였다. 다섯 살에는 어린이집에서 배운 노래와 DVD에서 본 발레 동작에 흠뻑 빠졌다. 내가 "이렇게 불러봐라, 저렇게 움직여봐라" 하며 시범을 보이지 않아도, 아이는 자신만의 음악과 춤을 연습하고 발전시켰다. 아이들 덕분에 모든 음률과 춤사위는 아름답고 귀하다는 진실을 온몸으로 받아들일 수 있었다.

예술 활동, 뭣이 중한데

독일 소설가 장 파울Jean Paul은 "음악은 보이지 않는 춤이요, 춤은 들리지 않는 음악이다"라고 했다. 난 아이들을 보며 음악과 춤은 떼려야 뗄 수 없는 관계라고 확신했다. 아이는 엉덩이를 들썩이다가 콧

노래를 불렀고, 신나는 노래를 듣다가 몸을 흔들었다. 무엇이 먼저랄 것도 없이 춤과 음악을 자유롭게 넘나들었다.

2~5세 자녀를 둔 부모들은 집에서 준비하기 번거로운 악기 체험, 리듬 교육, 유아 음악 감상 등을 문화센터 수업으로 대체하곤 한다. 조직화한 수업 시간 동안 아이들은 강사의 의도대로 악기를 만지고 몸을 움직인다. 처음 보는 악기를 조금 더 만져보고 싶어도 계획된 다음 활동으로 넘어가야 하기에 악기에서 손을 떼야 한다. 마음에 드는 음악에 맞춰 더 오래 춤을 추고 싶어도 다음 동작으로 넘어가야 한다. 심미적인 능력의 향상은 꾸준하고 지속적인 노출이 관건인데, 주 1회 계획된 수업만으로 그것이 자랄 리가 없다.

물론 문화센터 수업을 통해 아이는 전문가가 조직적으로 구성한 활동대로 자극을 받고, 양육자는 활동 팁을 얻을 수 있다. 그렇지만 이것은 가정에서도 얼마든지 할 수 있는 일이다. 문화센터 두세 달 수업료로 악기나 도구를 구입하여 아이가 마음껏 탐색하도록 기다려주면 아이는 자유롭게 악기를 다루며 연주 활동에 흥미를 느낀다. 의미없이 흘러나오는 텔레비전의 백색소음을 줄이고 동요, 클래식, 국악 등 다양한 장르의 음악으로 공간을 채우면 아이는 호기심을 가지고 귀를 기울인다. 계이름 같은 음악 이론이야 좀 커서 가르쳐도 전혀 늦지 않다. 너무 어린 시절부터 아이의 흥미와 발달을 고려하지 않은 채 악기를 다루는 기능을 배우면 예술 활동과 심적인 거리만 넓어진다.

3만 9천 원짜리 전자피아노

친정에는 친정어머니가 젊은 시절부터 사용하던 업라이트 피아노가 있었다. 오랜 시간 동안 조율하지 않아 음정이 정확하지 않지만, 건반을 누르며 음악을 즐기기에는 문제없었다. 아이들은 건반을 누를 때 온몸으로 전해지는 감각을 참 좋아했다. 그러던 차에 주택에 살던 친정 가족이 공동주택으로 이사를 하면서, 피아노를 처분하게 되었다. 친정어머니는 우리 집에 가져다 놓기를 원하셨지만, 공동주택에서 업라이트 피아노를 관리하기 부담스러워 나는 단칼에 거절했다. 그런데 막상 피아노가 없으니 내가 아쉬웠다. 아이들이랑 피아노 치며 노래도 부르고 싶고, 소박하게라도 아이들이 악기를 직접 연주하는 기회를 주고 싶었다.

어쿠스틱 피아노는 가격도 비싸고 무엇보다 소음이 문제였다. 깊은 고민 끝에 아이가 커서 연주용 피아노가 필요하다고 하면 다시 구입하기로 하고, 가볍게 사용할 교재용 악기를 찾아보았다. 이런저런 악기들을 검색하던 중 마음에 딱 맞는 악기를 발견했다. '저렴한 전자피아노'라고 검색했더니 마법처럼 등장한 고마운 물건이다. 건반 수는 일반 피아노보다 적었지만, 사이즈가 작아 공간 활용에 좋았다. 음량 조절도 가능하고, 내장된 전자음악도 있고, 리듬 패턴도 들어 있었다. 무엇보다 3만 9천 원이라는 부담 없는 가격이 최고였다. '금방 망가져도 괜찮지 뭐' 하며 큰 기대 없이 전자피아노를 주문했는데, 물건을 받고 깜짝 놀랐다. 소리도 잘 나오고, 음색 변환도 잘되고, 음량 조절도 쉽고, 가벼웠다. 게다가 최소 음량으로 맞춰두니 층간소음이 무섭지 않았다. 피아노를 본 아이들은 환호성을 질렀다. 아이들에게 또 다른 장난감이 생긴 셈이다. 아이들은 엄마의 동요 반주에 맞추어 노래 부르고, 흥겹게 몸을 흔들었다. 자기들도 연주하고 싶다며 내 양옆으로 모여 앉아 신나게 피아노를 두드렸다. 아이들 한 살에 구입한 피아노는 다섯 살이 된 지금까지 건재하다.

성공적인 피아노 구입에 자신감을 얻은 후 드럼, 나팔, 핸드벨, 리코더, 오카리나 같은 악기도 작은 교재용으로 구입하였다. 이따금 예술적인 영감을 받을 때면 나는 피아노를 치고, 한 아이는 리코더를 연주하고, 또 다른 아이는 드럼을 연주했다. 집에 구비되어 있는 악기를 자유자재로 가지고 놀며 음악을 즐겼다.

요즘 다섯 살 두 딸은 피아노를 예쁘게 연주하는 데 흠뻑 빠졌다. 피아노를 제대로 연주하고 싶다는 은이의 말에 유아용 피아노 교본을 사주었더니 은이는 수시로 피아노 앞에 앉아 연습했다. 건반 위에 손가락을 가지런히 올리고 손가락 번호를 따라 피아노를 연주하는 은이의 모습에 보는 나도 흐뭇했다. 은이의 피아노 소리를 듣던 연이가 피아노 옆으로 달려와 발레를 했다. 발레 공연의 한 장면처럼 은이는 연주하고 연이는 팔을 뻗었다. 아름다운 음악, 자유로운 몸짓과 함께하는 두 딸의 하루하루가 풍성하다.

키즈카페 말고 박물관도 다니세요

처음 박물관 견학을 갔을 때 아이들은 싫어했다. 평소에도 목적 없이 오래 걷기를 싫어하는데, 네모난 건물이 여러 개 모인 박물관은 아이들에게 목적도 없이 지나치게 넓었다. 한 바퀴 휭 돌기만 해도 한 시간이 족히 넘었다. 어린이 박물관은 아이 눈높이에 맞춘 체험 공간으로 구성되어 있지만, 그것마저도 전시 규모가 작아 사람이 몰리면 아이들은 답답함을 느꼈다. 박물관을 음미하며 찬찬히 돌아보기에는 아이들이 어렸다. 전시품과 관련된 이야기를 해보았지만, 아이에게는 와 닿지 않았다.

아이들은 박물관 야외에 위치한 음료수 자판기를 제일 좋아했다. 첫 박물관 탐방을 자판기에서 음료수 뽑아 먹기로 마무리하고 고민에 빠졌다. 아홉 살만 넘어가도 박물관, 과학관 같은 곳은 안 가려고 할 텐데 아이가 더 자라기 전에 교육적인 의도가 담긴 곳은 가능한 한 모두 가보고 싶었다. 굳이 역사적 사실이나 과학적 원리를 알려주지 않더라도 한 번씩은 경험시키고 싶었다.

지식은 삶과 만날 때 의미를 가진다

우리는 아이에게 좋은 것을 주고 싶다. 아이의 삶에 조금이라도 도움 된다면 그것을 주지 않을 부모는 아마 없을 것이다. 문제는 양육자가 주고 싶은 것과 아이가 원하는 것이 다를 때 생긴다. "돈 들이고 시간 들여 미술관에 갔는데, 보라는 작품은 보지도 않고 미술관 보도블록에 기어가는 개미만 한 시간을 보고 왔잖아." 양육자의 흔한 푸념이다. 유익한 나들이 활동을 꿈꾸며 출발하지만, 예상과 달리 시큰둥한 아이의 반응에 실망할 때가 많다. 아이의 지적 호기심을 자극해 보려고 일부러 시간을 내어 거기까지 갔는데, 아이는 이런 어른의 마음도 모르고 '힘들어. 핸드폰 줘. 배고파. 아이스크림 사줘'만 반복한다. 겨우 들어갔으면 천천히 둘러보면 좋으련만 100m 달리기하듯 휙 둘러보고는 다 봤다며 얼른 나가자고 조른다.

반대로 아이들도 할 말이 있다. 뛰고 싶고, 구르고 싶고, 놀고 싶은데 마음대로 할 수도 없고 조용히 해야 하는 지루한 장소를 심지어 천천히 걸으며 관람하라니 답답할 노릇이다. 아이가 원하는 건 미술관의 그림도 아니요, 박물관의 도자기도 아니요, 과학관 천장에 매달린 진자가 아닌데 엉뚱한 것만 보라고 하는 어른의 요구가 아이는 영

귀찮다.

박물관을 아이들에게 의미 있는 장소로 만들기

심리학자 오수벨David Ausubel은 유의미 학습 이론을 통해 '유의미한 학습 과제와 유의미한 학습 태세'를 강조했다. 학생이 학습 내용을 제대로 소화하기 위해서는 학습 내용이 논리적으로 명확해야 하고, 학생이 관심을 가질 만해야 한다는 뜻이다. 그래서 초등학교 교실에서 수업할 때, 교과서의 지식이나 학습 문제 상황을 학생의 일상과 연관 지어 재구성한다. 아이들은 유의미한 활동을 선호하기 때문이다. 수업을 시작하며 학생이 호기심을 가질 만한 내용을 제시하여 유의미한 학습 태세로 전환시키고 활동을 시작한다. 학생의 배경지식과 관심사에 맞추어 교과 지식을 안내하여 실제적인 학습이 일어나도록 하라는 의미다.

부모가 가고 싶어서 가는 박물관은 아이에게 무의미한 곳이다. 놀이터처럼 뛰어놀지 못하는 곳을 아이들에게 의미 있는 곳으로 바꿔야 한다. 박물관에 전시된 딱딱한 물건을 아이의 선행 지식과 호기심에 연결할 매개체로 무엇이 있을까. 아이의 관심사와 유물을 연결 지으면 박물관 방문에 의미를 더할 수 있다. 여기에 보물찾기 같은 재밌는 미션을 더하면 금상첨화다.

가만히 살펴보니 아이들은 공주에 빠져 있었다. 공주의 드레스, 장신구, 집, 이야기까지 공주와 관련된 것이라면 무엇이든 좋아했다.

때마침 아이들이 〈주니토니 동화 뮤지컬 선화공주〉를 흥겹게 따라 부르며 역할 놀이를 시작했다. 그런데 집 근처 박물관에 선화공주가 살았던 신라시대 유물이 가득했다. '선화공주'라면 박물관을 아이들에게 유의미한 장소로 만들어줄 것 같았다. "우리 집에서 조금만 더 가면 선화공주님이 살던 곳이 나와." "진짜? 선화공주님?" 아이들의 눈이 동그래졌다. "응. 선화공주님이 살던 성이랑 신라시대 공주님, 왕자님, 왕, 왕비들이 사용하던 물건들도 많아. 예쁜 목걸이도 있대." 혹시나 해서 사둔 문화재 스티커북을 펼쳐 화려한 장신구 사진을 보여주었다. "엄마, 나 여기 갈래. 우리 내일 가자." 아이들은 두 손을 모으고 기대감에 부풀었다. 잔뜩 흥이 오른 아이들과 함께 '가장 예쁜 장신구를 찾아서 사진으로 찍고, 집으로 돌아와 그려보는 미션'도 약속했다.

주말이 왔다. 난 물병과 간식을 챙기고, 아이들은 아동용 카메라를 목에 걸고 박물관으로 향했다. "엄마, 여기 있어! 찾았어!" 천마총에서 나온 보물들을 훑어보던 아이들이 소리쳤다. "난 이 귀걸이가 제일 좋아." 연이는 손가락으로 비취빛의 귀걸이를 가리켰다. "난 분홍색 목걸이! 엄마, 나 두 개 그려도 돼?" 은이가 전시품을 뚫어져라 바라보았다. "그래, 마음에 드는 거 골라서 사진 찍자. 집에 가서 보고 따라 그리는 거야." 아이들은 자신의 카메라로 마음에 드는 장신구 사진을 찍었다. 나는 그런 아이들의 모습을 핸드폰 카메라에 담았다.

연이가 "사진을 찍었으니 음료수 먹자"며 손을 잡아끌었다. 연이는 박물관 자판기에서 차가운 음료수를 뽑아 마시는 시간을 가장 좋아한다. 하나라도 더 보여주고 싶은 엄마의 욕심을 내려놓고 아이들 손을 잡고 역사관을 나왔다. "엄마, 저 돌탑 지난번에 봤던 거랑 비슷하게 생겼어." 아이들은 정원에 전시된 돌탑을 보고, 불국사에서 본 석가탑과 다보탑을 떠올렸다. "그러네, 진짜 비슷하게 생겼다. 근데 저기엔 돌사자가 없네?" 나의 질문에 아이들이 종알거렸다. "그러게, 그때 본 탑에는 돌사자가 있었는데! 그거 네 개였는데 도둑이 훔쳐가서 세 개밖에 안 남았잖아." "맞아, 맞아."

맞장구를 치며 대화하는 두 아이와 걷다가 별관을 발견했다. "애들아, 저기 들어가면 엄청 시원하대. 그리고 공주님이랑 왕자님이 살았던 궁전이 작게 만들어져 있다는데, 보러 갈래?" 궁전이라는 말에 귀가 솔깃해진 아이들이 고개를 끄덕였다. 아이들은 별관으로 들어가 아기자기한 궁전 모형을 쓱 둘러본 뒤 역시나 자판기로 달려갔다. 자판기에 지폐 한 장을 넣고 버튼을 눌러 시원한 음료수를 꺼냈다. 캔 뚜껑을 따 아이에게 건네니 숨도 안 쉬고 몇 모금을 들이켰다. "아, 맛있다. 엄마 다음에 또 박물관 와서 음료수 뽑아줘. 약속!" 아이와 손가락을 걸고, 눈을 마주치며 웃었다.

꼭 박물관이 아니어도 좋다. 내 아이가 자동차를 좋아하면 과학관에 전시된 자율주행 자동차를 구경하고, 전쟁을 좋아하면 고려시대 장군의 갑옷을 실제로 보고, 캐릭터에 빠졌다면 캐릭터가 활동하는 (로보카 폴리를 좋아하면 경찰차, 구급차 등) 장소를 가보자. 접점이 하나도 없다면 뮤지엄샵에 진열된 흥미로운 물건들을 구경하며 전시품에 관심을 갖게 하는 것도 좋다. 최근 아이들과 국립중앙박물관을 방문했는데 뮤지엄 샵에서만 한 시간 넘게 구경하며 유물과 관련된 이야기를 나누었다. 이렇게 아이가 흔쾌히 가고 싶은 장소, 호기심을 갖는 장소에 함께 다녀오자. 양육자와 아이가 나들이를 계획하고 준비하는 과정부터 소중한 추억이 시작된다. 목적 없이 매주 가는 나들이가 아니라, 아이도 어른도 함께 의미 있는 시간이 될 것이다.

저는 초등 교사로 근무하며 매년 새로운 아이를 만나고 있습니다. 학급 담임으로 만나는 우리 반 아이들과 오가며 만나는 다른 반 아이들을 합치면 꽤 많은 아이와 소통하고 있지요. 아이들은 저마다 달라요. 친구와 갈등이 생기는 이유, 자기 장점을 인지하는 방식, 말 습관 등 생활 영역에서부터 배경지식의 양, 새로운 학습 개념을 받아들이는 마음가짐, 구조화된 학습 방식을 적용하는 기술 등 학습 영역에 이르기까지 자신만의 고유한 태도를 형성하고 있답니다.

이는 학교에서 가르쳐주지 않아도 가정에서부터 자연스럽게 형성된 문화입니다. 프랑스 사회학자 부르디외 는 이것을 '아비투스'라고 명했어요. 우리는 의식적으로, 때로는 무의식적으로 생각하고 행동합니다. 이렇게 사람마다 상황을 인지하고 판단하여 실천하게 만드는 스타일이 있는데, 이것이 바로 아비투스랍니다.

부르디외는 교육 작업을 통해서도 아비투스가 형성된다고 보았습니다. 학교나 사회를 통해서도 교육이 이루어지지만, 가장 첫 번째 교육은 가정에서 시작되지요. 저는 교사로 근무하며 같은 말에 다르게 반응하는 아이들 뒤에는 서로 다른 모습의 가정이 있음을 깨닫고 가정에서 형성되는 일차적 아비투스를 중요하게 바라보았어요. 그리고 나는 내 아이에게 어떤 문화를 전해주고 있는지 고민했답니다. 무의식적으로 형성되는 아비투스도 있지만, 양육자가 의식적인 노력을 기울여서 '도움 되는 아비투스'를 전수할 수도 있으니까요.

심리학자 피아제의 인지발달 이론에 따르면, 논리적인 사고가 다 발달하지 않은 7세 이전의 아이들은 지면을 활용한 추상적인 학습 활동을 해내기가 어려워요. 그래서 대부분의 유아 활동은 직관적인 체험으로 진행되지요. 저는 가정에서도 아이의 인지 및 감성 발달을 돕는 오감 자극 활동을 조직적으로 구성하여 제공한다면 훗날 아이가 사회생활을 할 때 도움 될 거라 기대했어요. 사회생활에 필요한 지적 역량, 배경지식 같은 문화자본을 '아비투스'로 자연스럽게 습득할 수 있을 테니까요. '손닿는 곳에 재밌는 책을 두기, 아이 책상에 미술 재료를 챙겨 놓기'가 그런 노력이었어요.

하지만 책을 좋아한다고 해서 한글을 빨리 읽는 것도 아니고, 그리기를 좋아한다고 해서 당장 리틀 피카소가 되는 것은 아니잖아요. 전 흔히들 말하는 아웃풋에 대한 기대를 내려놓고, 조직적인 환경 구성에 집중했어요. 그리고 '난 문화자본을 전수하여 아비투스를 만드는 중이야'라고 의식적으로 생각했습니다. 육아는 먹이고 씻기고 재우고의 반복이잖아요. 전 아비투스를 만들어가는 데 의식적인 노력을 기울이지 않으면 바쁜데 단조로운 일상을 견디기가 힘들었어요. 아무것도 하지 않아도 전수

되는 게 아비투스라면, 약간의 노력을 더해 의미 있는 아비투스를 전해주고 싶었답니다. 흘려보내는 시간을 보다 의미 있는 것으로 채워준다면, 아이가 세상에서 살아갈 때 조금이라도 도움이 되지 않을까 기대했지요.

사회학 연구에 따르면 자녀의 학업 수행 능력이나 직업 성취도, 경제적 수준 등 객관화되는 지표는 양육자의 사회적 성취와 관련이 깊답니다. 가정에서 습득하는 사고방식, 배경지식, 문화를 대하는 태도 등이 자녀의 학교 교육 및 사회화에 영향을 미치기 때문이지요. 가정환경이 아이의 인생을 결정짓지는 않지만, 삶을 대하는 양육자의 태도와 무의식 중에 습득하는 문화자본은 아이에게 지대한 영향력을 미칩니다.

우리 집의 아비투스도 '양육자가 의식적으로 만들고 싶은 환경, 아이에게 제공하고 싶은 환경'으로 구성할 수 있어요. '아이가 만드는 결과를 기대하고 양육자가 무언가를 해주는 것'과 '양육자가 바라는 가정의 문화를 만드는 것'은 큰 차이가 있답니다. 전자는 바라는 대로 이루어지지 않으면 실망하지만, 후자는 양육자가 행동하는 것에 초점을 두었기에 실천만 해도 성공한 거나 다름없으니까요. 우리 가정만의 아비투스, 어떻게 만들고 있나요?

4장

엄마의 몸과 마음을 돌보다

나는 두 딸이 세 살이 될 때까지 '엄마 역할'을 내 삶의 최우선에 두었다. '완벽한 엄마'라는 이상적인 모습을 갖추기 위해 정보를 얻고, 그 기준에 맞는 행동을 하는 데 힘썼다. 균형 잡힌 식사를 준비하는 엄마, 세련되고 단정한 인테리어를 유지하는 엄마, 자녀 교육에 힘쓰지만 아이에게 압력을 가하지 않는 엄마, 항상 온화한 엄마, 아이의 감정에 공감하되 적절한 훈육을 하는 엄마가 되기를 꿈꿨다. '완벽한 엄마'가 되기 위해 노력했지만, 현실의 나는 부족했다. 아무리 뜯어봐도 부족하기만 한 나를 탓하며 더 좋은 엄마가 되기 위해 애썼지만 한꺼번에 기운을 몰아 쓰다 번아웃이 와 지쳐 나가떨어졌다. 감정의 밑바닥을 긁어대며 괴로워하다 탈진해버렸다.

나의 모성은 나의 자아를 잡아먹고 자라났다. '나'를 밀쳐두고, 타인을 돌보는 노동을 지속하며 내가 어떤 사람인지 잊어버렸다. 어떤 노래를 즐겨 들었는지, 어떤 음식을 특히 맛있게 먹었는지, 어떤 운동이 내 몸에 잘 맞았는지, 어떨 때 기쁘고 슬픈지 기억나지 않았다. 거실 바닥에 드러누워 하염없이 천정을 바라보다 눈물이 흘렀다. 문득 나는 어떤 엄마인가 스스로 물었다. '완벽한 엄마'라는 환상에 발목 잡혀 24시간 바쁘게 움직이고도 만족하지 못하는 엄마….

이건 내가 원하는 모습이 아니었다. '완벽한 엄마'가 아니라 '살 만한 나'부터 되어보자고 마음먹었다. 내 아이들을 위해서라도, 육아에 목숨 거는 엄마가 아니라 육아라는 삶의 한 단계를 통과하며 성장하는 사람이 되고 싶었다. 그러기 위해 불필요하게 짊어진 '엄마 역할'을 하나씩 내려놓았다. 육아와 살림의 과중한 책임을 덜어내자 나의 몸과 마음을 챙길 방법들이 보였다. 사소한 행동으로 보여도 하나씩 실천해보니 활력을 되찾기에 충분했다.

이번 장은 아이를 돌보는 동안 외면하기 쉬운 주 양육자인 엄마의 몸과 마음을 보살피는 방법을 소개한다. 부정적인 생각에서 벗어나 있는 그대로의 나를 받아들이고, 생활에 생기를 더할 구체적인 실천 지침을 나눈다. 육아 '노동'을 출산과 동시에 휴일 없이 365일 강행하는 엄마들은 도망치고 싶어도 도망갈 곳 없는 낭떠러지 끝에 바들거리며 서 있는 기분을 수시로 느낀다. 그러니 스스로 지친 몸과 마음을 똑바로 들여다보아야 한다. 나의 감정과 욕구를 돌보기로 결심하고 한 걸음씩 내디딘 나의 이야기를 통해 당신도 당신만의 우물을 들여다보는 용기를 내면 좋겠다. 당신이 글을 읽다가 "나도 오늘은 내가 좋아하는 노래 한 곡 들어야겠다" 하며 귀에 이어폰을 꽂기를, "밖에 나가서 콧바람이나 쐬어야지" 하며 운동화를 신기를, "감성 문구 하나 적어볼까" 하며 마음에 드는 연필을 쥐어보기를 바란다. 괜찮다며 묵혀두었던 당신의 마음과 필요없다며 외면해온 당신의 취향을 끄집어내도 괜찮다.

지금 내가 매우 행복한지는 잘 모르겠다. 하지만 3년 전 바닥에 드러누워 천장을 바라보며 눈물 흘리던 그날보다는 분명 더 나아졌다. 조금 더 편안해지고 싶어서 시작한 자기 돌봄이었는데, 있는 모습 그대로의 나를 수용하는 법을 배우게 되었다. 스스로 부족한 양육자라 자책하는 누군가가 있다면 말해주고 싶다. "당신은 이미 괜찮은 엄마예요. 충분히 애쓰며 노력하고 있어요. 무거운 책임감은 조금 내려놓고 당신을 돌봐주세요. 지금 여기에서 숨 쉬는 나를 느껴보세요."

“일관성 없는 엄마라 미안해”

내 품에 안겨 울던 연이가 자기를 안고 일어나달라고 했다. 15kg이 넘는 아이를 안고 서 있으려니 팔 힘에 의지하면 아이를 떨어뜨릴 것 같고, 등 근육으로 버티려니 내가 뒤로 넘어갈 것 같았다. 아이에게 “침대에 앉아서 가만히 안고 있자”고 말하니 몸을 비틀며 투정부렸다. “안 돼”라고 거절하려니 차마 입이 떨어지지 않았다. 아이가 세 살이 될 때까지 아이의 요구를 최대한 수용하려 애쓰는 태도가 몸에 벤 탓이었다. ‘안 된다’는 말에 아이가 상처받을까 봐 걱정됐다. 아이 입장에선 엄마가 어떤 때는 안아주고 어떤 때는 안 된다니 혼란스러울 것 같았다.

생각이 여기에 이르자 ‘일관성’에 의문이 들었다. 일관된 양육 태도가 좋다고 하는데, 현실적으로 같은 일도 나의 컨디션에 따라 ‘된다, 안 된다'가 결정되곤 했다. 일관되게 아이를 대하라고 하는데, 그럼 애초에 안아주질 말아야 하는 건가? 아니면 안아달라고 할 때마다 몸이 부서져라 안아줘야 하는 건가? 내 몸이 힘든 건 나의 주관적인 느낌인데 아이가 이것을 어떻게 객관적으로 받아들이고 이해할 수 있지?

게다가 자녀가 둘이라 상황이 더 복잡했다. 한 명이 안아달라고 달려오면, 잘 놀던 다른 아이도 덩달아 뛰어왔다. 서로 먼저 안기겠다고 밀치다가 울었다. 일관성을 떠올리면 더 헷갈렸다. 어느 부분에서 어떻게 일관성을 발휘하라는 걸까? 요일마다 당번을 정하듯 고정된 순서를 정해놓고 차례로 안아주면 될까? 어떤 상황이 벌어질 때마다 순서를 의논하도록 하여 의사소통 능력을 기를 수 있도록 도와주면 될까? 순서를 정하지 못해 티격태격할 땐 안아주지 않고 기다리다가 극적으로 협상이 타결되면 순서대로 안아줘야 하는 건가? 울지 않고 말하거나 싸우지 않고 말할 때만 안아준다고 해야 하나? 일관된 양육. 대체 이 원칙은 언제 어떻게 사용해야 하는 걸까. 과연 100% 실천이 가능하기나 한 걸까.

일관성이 완벽주의와 만나다

나는 완벽주의자였다. 쌍둥이 두 딸을 낳고 육아를 시작하니 이 완벽주의가 걸림돌이었다. 나는 '아이의 의사를 존중하라' 같은 돌봄 지침 위에 '일관된 양육'이라는 전제를 얹었다. '어떤 상황에서든 일관되게 아이의 의사를 존중하라'는 무결한 해결책을 붙들고 모든 상황에 적용하기 위해 노력했다. 촉박한 상황에서도 아이의 뜻을 물었고, 나의 휴식이 필요한 때에도 아이의 허락을 구했다. 아이에게 묻지 않아도 되는 사항까지 '일관된 존중'을 떠올리며 완벽하게 실천하고자 노력했다.

그 결과는? 시간에 쫓긴 나는 조금 더 놀 거라는 아이에게 고함을 질렀고, 지친 나는 다리를 붙잡고 늘어지는 아이에게 모진 말을 쏟아냈다. 육아보다 더 열심히 무언가를 해본 적이 없는데, 머릿속의 상상대로 완벽하게 해내는 날이 단 하루도 없었다. 잠자리에 누워 하루를 돌이켜보다가 일관되지 않았던 나의 행동이 떠올라 자주 얼굴이 붉어졌다. 일관된 양육 원칙을 지키지 못한다는 자책은 내 아이를 잘못 키우고 있다는 두려움으로 이어졌다.

'일관'의 사전적 의미는 '하나의 방법이나 태도로써 처음부터 끝까지 한결같음'이다. 일관된 양육 법칙은 두 가지 의미로 해석할 수 있다. 일관된 '방법'을 한결같이 유지하거나, 일관된 '태도'를 한결같이 유지하거나. 전문가들은 후자의 의미로 조언했겠지만, 나는 전자의 의미로 잘못 받아들였다. 전문가가 "아이를 존중하는 마음으로 양육하되, 훈육이 필요한 상황에서는 자기 조절력을 키워주기 위해 단호한 태도를 취하라"고 조언하면, 나는 '단호한 태도'에 집중하여 아이와 기 싸움을 했다. 또 다른 전문가가 "아이의 건강한 독립을 응원하되, 아이가 불안해하는 상황에서는 안정된 애착을 쌓기 위해 좋은 시간을 보내라"고 조언하면, 나는 '좋은 시간'에 집중하여 아이의 모든 요구를 다 들어주려 했다.

아이를 위하는 마음이면 충분하다

내가 아이의 이야기를 언제는 들어주고, 언제는 들어주지 못한다고 해서 아이는 (좀 속상할 뿐) 큰 충격을 받지 않았다. 평소에 자연스럽게 스킨십을 하다가 몸이 피곤해서 못 안아준다고 하여 아이와의 애착이 훼손되지 않았다. 육아를 잘 해내려는 마음이 크니 작은 실수도 실패로 느낄 뿐이지, 큰 그림으로 보면 나는 꽤 괜찮은 양육자로 살고 있었다.

이제 나는 "일관성을 유지하라"는 조언을 무턱대고 적용하지 않는다. 두 딸도 상황에 따라 유연하게 대처하는 엄마에게 적응하고 있다. 아이는 매번 자신이 원하는 대로 상황이 흘러갈 수는 없다는 사실을 가정에서 배운다. 엄마 품에 안기고 싶지만, 엄마가 아플 때는 그럴 수 없고, 평소에는 천천히 움직여도 되지만 바쁠 때는 얼른 행동해야 한다는 것을 경험으로 터득해나간다. 내가 '완벽하지 못하다는 죄책감'을 던지고 의연하게 대처하니 아이들 또한 상황을 자연스럽게 받아들였다.

너무나 많은 양육자가 전문가의 조언을 제대로 실천하지 못한다고 자책한다. 이상적인 케이스에 해당하는 전문가의 조언만 듣고 '나는 부족한 엄마'라며 조마조마한 마음으로 육아를 한다. 과거의 나처럼 '난 일관성 없는 제멋대로 엄마야'라고 생각하는 양육자가 있다면, 그런 걱정은 발로 뻥 차버려도 된다. 일관된 양육 기술 따위는 좀 안 지켜도 괜찮다. 양육의 잔기술보다 더 중요한 것은 자신을 사랑하고 아이를 존중하는 마음이다. 설사 실수했더라도 고칠 점을 생각하고 '다음'을 긍정하며 나아가면 된다.

'일관된 양육이 좋다'는 말을 '이해하는' 양육자라면 좀 일관되게 하지 않아도 큰일 나지 않는다. 상황을 좁게 들여다보면 일관적이지 않아 보여도, 넓은 관점에서 보면 그럴 만한 이유가 있으니 말이다. '일관된 양육의 법칙'을 고민하는 양육자에게 말해주고 싶다. "이미 일관된 양육을 실천하고 계신걸요. 누구보다 아이를 사랑하고 위하잖아요. 그게 한결같은 양육이에요."

쾌활한 엄마가 아니라 미안해

주말 한낮, 두 딸과 공원을 두 시간 동안 돌아다니다가 벤치 아래에 돗자리를 펼쳤다. 어깨에 메고 있던 가방을 내려놓고 아침부터 부랴부랴 준비한 도시락을 꺼냈다. 밥, 도시락 김, 튀긴 돈가스와 과일을 담아 왔다. "밥 먹자. 꼭꼭 씹어 먹어." 아이 입에 밥 한 숟갈을 떠 넣어주었다. 내 밥 먹기도 귀찮은데 두 아이 밥까지 챙기려니 보통 일이 아니다. 기분 전환하러 나온 공원인데 이렇게 벅찰 줄이야. 딱 한 시간만 누가 아이들이랑 대신 놀아주면 좋겠다고 생각했다.

"아유, 잘 먹네. 어쩜 이렇게 맛있게 먹을까~" 나와는 사뭇 다른 높은 톤에 밝은 목소리가 들려 고개를 살짝 돌렸다. 힐끔 쳐다보니 옆 벤치에 자리 잡은 가족의 엄마였다. 화사한 연둣빛 원피스를 차려입은 그녀의 모습에 내 마음도 상큼해졌다. 맞은편에는 모던한 디자인의 원피스를 차려입은 여자아이가 엄마를 바라보며 활짝 웃고 있었다. 고개를 돌려 내 앞에 앉은 두 아이를 물끄러미 바라봤다. 놀다 지친 아이들이 식은 밥을 삼키고 있었다. 고개를 숙이니 교복처럼 입고 다니는 나의 펑퍼짐한 항아리 바지가 눈에 들어왔다. 나도 저 엄마처럼 다정하고 기분 좋게 아이를 대하고 싶었다. 기운 빠져 축 처진 엄마가 아니라 활짝 웃으며 말 건네는 엄마이고 싶었다.

'성격 좋은 엄마'라는 가면을 쓰다

나는 다른 사람들과 좋은 관계를 유지하고 싶어서 쾌활한 태도를 연기한 적이 많다. 주변인들은 밝은 표정과 목소리로 분위기를 띄우는 나에게 "참 성격 좋다"고 칭찬했다. 그렇게 바깥에서 에너지를 쏟은 후 혼자가 되면 탈진하듯 침대에 쓰러졌다. 그러면서도 '성격 좋은 사람'으로 인정받았다며 날 위로했다.

아이를 키울 때도 마찬가지였다. 아이들에게 좋은 엄마가 되고 싶어 애써 활기차게 움직였다. 아이보다 더 즐거운 척 잡기 놀이를 했고, 더 기쁜 척 감탄했다. 그러다가 어느 순간 체력이 고갈되면 내 얼굴에 미소가 사라지고, 따스하게 마주 잡고 있던 아이의 손도 끈적거리게 느껴졌다. 엄마를 향한 아이들의 애정 표현도 귀찮은 말대꾸로 들렸다. "이만 하면 좋은데?"라며 기분이 좋다가도 어느 순간 "이제 제발 그만"이라며 괴로움을 호소했다. 나도 언제나 따스하게 아이를 받아주고 싶은데 마음처럼 되지 않았다. 쾌활하지 못한 내 모습에 화가 났다. 그 순간 비난의 화살은 "엄마 좀 그만 불러!"라며 아이들을 향했다. 밝은 분위기를 일정하게 유지하고 싶었지만 사소한 이유로 기분은 곤두박질쳤다. 산이 높으면 골이 깊듯, 높이 올라갈수록 더 많이 내려왔다. 아이와 함께하는 시간이 생기가 넘칠수록 이후의 피로는 급격히 쌓였다.

그런데, 엄마는 우울하면 안 되는 걸까? 정신건강의학과 전문의 정우열의 저서《엄마니까 느끼는 감정》(서랍의날씨)을 읽고 나는 고개를 저었다. 아니, 엄마도 우울할 수 있다. 엄마의 우울은 죄가 아니다. 이제껏 나는 '내가 심리적으로 힘든 것은 잘못된 태도'라고 생각했다. '성격 좋은 엄마는 언제나 잘 웃고 기분이 좋아야 한다'고 생각했기에 긍정적인 감정을 연기하려고 노력했다. 엄마니까 기운이 넘쳐야지, 엄마니까 좋아야지, 엄마니까 행복해야지 하며 기분을 조절하려 애썼다. 아이들에게조차 성격 좋은 엄마로 인정받기 위해 수시로 가면을 썼다.

"엄마가 어느 정도 우울해도 괜찮다"라는 위로는 강력한 무기가 되었다. 내 기분이 다운되거나 에너지가 부족하다 여겨지면 "괜찮아, 그럴 만해" 하며 나를 다독였다. 세상에서 가장 가혹한 비판자인 나 자신에게 "괜찮다"라는 말을 들으니 마음속 깊은 곳에서부터 새로운 힘이 차올랐다. 기분이 급격히 변하고, 체력이 급격히 고갈되는 날 위해서 무엇을 하면 좋을지 고민하는 마음의 여유가 생겼다.

'그냥 엄마'여도 괜찮아

내가 어떤 때에 특별히 기운이 빠지는지 눈여겨보았다. 그 타이밍을 조절하면 적당하게 텐션을 유지할 것 같았다. 나는 진짜 내가 아니라 타인이 바라는 모습으로 행동하려고 할 때 에너지가 빠르게 소진됐다. 다른 사람에게 피해를 주지 않으려고 지나치게 의식하거나, 남편이나 다른 가족의 생각을 지나치게 살필 때 힘들었다. 아이의 눈치를 살피며 괜찮은 척할 때도 그랬다. 나의 체력을 고려하지 않고 상황에 맞추어 무리하게 활동하고 나면 힘들었다. 이 정도는 괜찮다며 아이와 다른 가족을 위해 무리하게 움직이면 꼭 탈이 났다.

이유를 알았으니 개선할 일만 남았다. 나는 '내 몸이 힘들 때는 타인을 위한 행동 멈추기, 최소한으로 필요한 배려만 하기, 분위기를 띄우거나 맞추기 위해 무리하지 않기'에 집중했다. 억지로 기운을 끄집어 올리지 않으니 기운이 급격히 내려가지도 않았다. 오르락내리락 진폭은 있을지언정 나를 미워하며 할퀴는 감정의 바닥을 매번 마주하지는 않았다. 상황에 맞추어 행동하던 습관을 멈추려 노력하니 일상이 더 편안해졌다. 쾌활해야만 좋다고 생각했는데 억지로 활기찬 척하지 않으니 진정한 평온함을 느낄 수 있었다.

내가 편안해지자 아이도 격하게 감정을 표현하는 빈도가 줄었다. 전에는 아이들이 갑자기 예민해진 엄마의 감정을 빠르게 감지하고 덩달아 날카롭게 행동했는데, 이제는 "엄마 피곤해? 커피 마실래?"라며 먼저 나의 기분을 살핀다. 나 또한 고요한 감정에 자연스럽게 머무르니 아이들의 감정이 조금 더 섬세하게 보인다. 아이들과 함께 차갑거나 뜨겁지 않은 적당한 온도로 즐거울 수 있음을 배우고 있다.

지금도 육아의 오르내림이 있다. 하루 안에서 좋음과 나쁨이 있고, 일주일 안에서도 좋음과 나쁨이 있다. 무슨 법칙처럼 적절한 비율로 섞여 있다. 이전에는 나쁜 순간을 억지로 좋아지게 하려 무리했는데 매번 결과는 저질 체력으로 돌아왔다. 요즘은 "좋으면 좋고, 나쁘면 그럴 수도 있군" 하며 기분을 있는 그대로 받아들이려 노력한다. 맛에도 단맛, 쓴맛, 신맛, 짠맛이 있듯 육아에도 희로애락이 있다. 매번 쾌활할 수 없고, 매 순간 다정할 수 없다. 닿을 수 없는 '좋은 엄마'의 기준을 내려놓고 '그냥 엄마'인 나를 받아들인다.

“그때그때 치워야 하는데”

남편은 근무 스케줄이 일정하지 않아 대부분 육아는 내 몫이었다. 한꺼번에 만난 쌍둥이 두 딸을 혼자 돌보기가 막막하여 출산 후 10개월간 멀리 떨어진 친정을 오가며 도움을 받았다. 친정 부모님은 손녀딸을 돌보는 데 관심이 많았다. 친정어머니는 아무리 싼 내복이라도 다림질하면 백화점 옷 못지않게 예쁘다며 아이들 옷을 일일이 다림질했다. 하루에도 수십 장씩 나오는 손수건도 다림질하고, 소창 기저귀는 탈탈 털어 반듯하게 접어 보관했다. 기어 다니는 아이들이 아무거나 주워 먹으니 항상 바닥이 깨끗해야 한다며 한두 시간에 한 번씩 손걸레로 방바닥을 닦았다. 거실과 방에는 머리카락 한 올도 나뒹굴 틈이 없었다. 퇴근하고 돌아온 친정아버지도 손길을 보탰다. 식사가 끝나면 잽싸게 일어나 설거지했고, 그릇의 물기까지 다 닦아 싱크대를 정돈했다. 가사 및 돌봄 노동에 열과 성을 다하는 친정어머니와 일사천리로 보조를 맞추는 친정아버지는 환상의 콤비였다.

손이 빠른 친정 부모님들의 손길에 익숙해졌다가 우리 집으로 돌아오면 일상이 막막했다. 남편이 출근하면 혼자서 집안일과 육아를 감당하기가 버거웠고, 남편이 퇴근하면 나보다 덜 노력하는 것처럼 보여 화만 났다. 무엇보다 남편과 나는 청결의 기준이 달랐다. 나는 매일 청소기를 밀고 물걸레질을 하는데 남편은 나흘에 한 번 청소기를 밀어도 깨끗하다고 했다. 나는 하루에 두 번 세탁기를 돌리는데 남편은 사흘에 한 번 돌려도 괜찮다고 했다. 나는 설거지 거리가 나오면 바로 정리하는데 남편은 한꺼번에 모아서 개수대가 가득 차면 그때 설거지를 시작했다. 집안일은 답답한 사람이 움직이게 되어 있다. 먼지가 더 많이 보이고, 밀린 빨래가 더 거슬리고, 꽉 찬 개수대가 답답한 내가 먼저 움직였다. "내가 하려고 했는데…"라며 말끝을 흐리는 그 남자의 뒤통수에 레이저를 쏘았다.

바닥의 먼지와 함께 뛰고 구르는 아이들도 보기 안쓰러웠다. 쭈글쭈글 주름진 내복을 입은 아이들의 입술에 묻은 침 자국을 보면 속상했다. 배고프다고 징징거리는 아이들을 뒤로하고 허겁지겁 식판을 헹구며 이를 악물었다. "해도 해도 안 되는걸. 노력해도 안 되는걸. 아무리 애써도 안 되는걸." 하루에 반 잔 마시던 인스턴트커피를 넉 잔으로 늘려도, 옆구리살만 늘어날 뿐 한계는 그대로였다. 살림에 익숙하지 않은 몸뚱이로 두 아이 돌봄 노동과 가사 노동을 내 마음에 쏙 들게 꾸려나가기란 불가능에 가까웠다.

내면의 비판자는 입을 다물라

내 마음속에서 나를 비난하는 소리가 끊임없이 울렸다. 내게 익숙한 방법으로 살림을 정돈하지 않으면 끔찍한 일이 일어날 것만 같았다. 심리학자 프로이트Sigmund Freud는 나의 내면에서 끊임없이 울리는 이 소리를 '초자아Superego'라고 했다. 초자아는 아이가 부모나 사회로부터 특정한 가치관이나 규범을 교육받으며 형성되는데, 개인이 도덕적 양심을 형성하여 이상적인 목표를 추구할 수 있도록 돕는다. 하지만 초자아가 과하게 형성된 사람은 불필요한 죄책감과 열등감을 느낄 수 있다. 이때 내면에서 작동하는 부정적인 사고방식을 심리학에서는 '내면의 비판자'라고 한다. "이것밖에 못하다니 넌 제대로 할 줄 아는 게 하나도 없어, 네가 그럼 그렇지" 같은 말들로 스스로 비난하고 질책하는 목소리다.

하지만 내면의 비판자가 뭐라고 하든, 현실적으로 내게 허락된 시간과 에너지는 한정되어 있다. '돌봄 노동이 먼저냐, 가사 노동이 먼저냐'의 기로에서 선택해야 했다. 내 몸은 하나고 돌볼 아이는 둘이었기에 나는 '아이 돌보기'를 우선했다. 제일 먼저, 다림질을 포기했다. 세탁기에서 빨래를 끄집어내 건조대에 널기도 버거운데 다리미를 꺼낸다니, 어불성설이다. 다음으로 매일 청소기 돌리기를 포기했다. 바닥에 굴러다니는 큰 먼지는 손가락으로 집어서 버리고, 다칠 위험이 있는 물건들만 정리했다. 노는 아이 옆에 앉아 손걸레로 바닥을 훔치는 정도로만 유지하다가, 일주일에 한 번 큰마음 먹고 청소기를 돌렸다. 마지막으로 급하지 않은 설거지는 미뤘다. 대신 세끼마다 사용할 수 있도록 식판을 추가로 구입했다.

어지러운 집 안 꼴에 눈이 따가웠다. 빤히 보이는데도 모른 척하려니 마음이 시큰거렸다. 내면의 비판자가 "20분이면 해치워버릴 일인데 이것도 못해?"라고 속삭였다. 그런데 나와 달리 남편과 아이들은 평소와 똑같았다. 바닥의 먼지는 남편 눈에 보이지 않는 듯했고, 개수대에 쌓인 그릇은 남편이 시간 될 때 정리했다. 남편은 세탁이 한참 전에 끝난 빨래를 아무렇지 않게 세탁기 안에서 꺼내 건조대에 널고, 막 사용한 젖은 수건을 세탁기에 넣었다. 아이들도 바닥의 먼지와 함께 숨 쉬어도 감기에 걸리지 않았다. 내복이나 손수건을 다림질하지 않아도 입고 놀기에 불편함이 없었다. 집안일을 미루고 곁에 앉아 있는 나에게 아이들은 미처 책장에 꽂지 못한 책을 들고 와 읽어달라고 했다.

나의 살림 방식이 정답인 줄 알았는데 남편의 말처럼 살림을 좀 미뤄도 별일 일어나지 않았다. 그래도 괜찮았다. 불편한 건 내면의 비판자일 뿐, 가족 구성원 중 누구도 불만을 느끼지 않았다. 그렇게 나를 괴롭혔던 살림에서 점점 손을 뗐다. 일주일에 한 번씩 하던 이불 빨래를 한 달에 한 번 해보기도 하고, 열흘 만에 화장실 청소를 하기도 했다. 누군가는 뜨악할지 모르지만, 생각보다 사는 데 별 지장 없다. 불편을 느끼기 직전에 대충 해치워도 되는 게 살림이다. 잡지나 인스타그램 속의 정갈한 모습은 연출되지 않지만 내 마음이 편하게, 내 가족이 불편하지 않게 살아가기에는 충분하다.

살림은 '살아가는' 일

익숙한 살림 방식을 고수하려는 내면의 비판자의 목소리를 거부하자 살림이 조금 더 수월해졌다. 내 몸이 편한 대로 살림을 꾸리니 아이들과 함께 살림하는 여유도 생겼다. 아이는 서툰 손놀림으로 빗자루로 거실을 쓸고 청소기를 밀었다. 손걸레로 책장의 먼지를 닦고 마른 수건을 접었다. 이전에는 나 혼자서 집안일을 빨리 해치워버리려고 아이들은 손도 못 대게 했는데, 아이들과 집안일을 함께하니 아이의 책임감과 배려심이 절로 자랐다.

'살림'의 사전적 의미는 '한집안을 이루어 살아가는 일'이다. 여기에 딱 떨어지는 정답은 없다. 햇빛에도 스펙트럼이 있듯 살림에도 스펙트럼이 있다. 머리카락 뭉치를 주워 버리는 우리 집부터 시작하여 모델하우스처럼 먼지 한 톨 없는 경지에 이르기까지 다양한 살림 방식과 기준이 존재한다. 어린아이가 있는 집의 살림은 좀 느슨해도 괜찮다. 아이 머리카락에 먼지가 붙어 있어도, 며칠 전 먹었던 짜장 소스가 바닥에 붙어 있어도 괜찮다. 건조대에서 옷을 골라 입어도, 빨래 더미가 일주일간 쌓여 있어도 괜찮다. 서랍장이든 거실 바닥이든 필요한 옷을 주워 입는 건 똑같다. 똑같은 식판이 여섯 개여도, 밥 먹기 직전에 숟가락을 씻어서 써도 괜찮다. 편안한 마음으로 밥 한 숟갈 입에 넣는 건 매한가지다. 당연하다고 생각했던 것들에 물음표를 붙여보자. 살림은 살아가는 일이다. 지금 살아가는 일이 팍팍하다면, 좀 느슨하게 풀어줘도 된다.

“운동해야 하는 건 알지만 체력이 없어서”

온종일 아이들과 함께 있으면 허리를 구부정하게 수그리고 있을 때가 많다. 아이들은 주로 바닥이나 유아용 책걸상에 앉아서 만들기를 하고 그림을 그린다. 그러면 나는 그 옆 바닥에 앉아서 시간을 보낸다. 아이들 손을 잡고 걷거나 뛸 때도 마찬가지다. 허리를 반듯하게 펴서 걸으면 아이들과 눈 맞추기가 힘들다. 자연스럽게 몸을 앞으로 굽힌 채 아이들과 대화하다 보면 오랜 시간 바깥에서 걷기는 하지만 제대로 된 운동 효과는 누리기가 어렵다.

“아이고, 허리야. 삭신이 쑤시네.” 아이들이 잠든 후 스트레칭이라도 하며 몸을 좀 시원하게 움직여보려 했다. 하지만 조용한 거실 바닥에 요가 매트를 깔고 나면 그때부터 손끝 하나 움직이기 싫었다. 가지런하게 편 요가 매트 위에 누워서 홈트레이닝 동영상을 검색하다가 좋아하는 드라마와 예능 클립으로 새서 손가락 운동만 한 시간을 했다. 굳은 마음으로 15분 서킷트레이닝을 따라 해보았지만, 작심 하루였다.

나를 위한 운동 시간이 부족하니 건강은 점점 안 좋아졌다. 아침에 일어나면 손발이 붓고 어깨도 굳은 지 오래고 허벅지 근육은 언제 시원하게 펴봤는지 기억도 나지 않았다. 거울을 보며 의식적으로 자세를 반듯하게 만들어보았지만 조금만 시간이 지나면 원래의 굽은 자세로 돌아갔다. 잡기 놀이 하자는 아이의 말에도 힘없이 의자에 등을 기댔다. 운동할 시간이 없어서 체력이 떨어진 건지, 체력이 떨어져서 운동할 여유가 없는 건지 인과관계를 따지기에는 몸을 안 돌본 지 오래였다. 아무것도 하지 않고 가만히 있어도 머리가 어지럽고 몸이 무거웠다.

운동의 필요성을 절절하게 알고 있으면서도 왠지 몸을 움직이기가 싫었다. "이왕 하는 운동, 폼나게 하고 싶어"라는 생각이 자꾸 들었다. 그러면 폼나게 시작하면 될 텐데 "에이, 어차피 제대로 운동할 시간도 없잖아. 제대로 시작 안 할 거면 그냥 안 하는 게 나아" 하며 움직이지 않았다. 어떻게든 운동 시간을 만들기 위해 부딪치기보다 미리 포기해버렸다. 내 건강은 내가 책임져야 하는데도 "남편이 바쁘니까, 애들이 엄마를 찾으니까"라며 주변 탓을 했다.

달밤에 10분 산책하기

아이들이 네 살이던 어느 날, 두 딸을 재우고 침실을 나와 시계를 봤다. 밤 열두 시였다. 창문 너머 보이는 둥그런 달이 예뻤다. 창문을 열자 시원한 밤공기가 두 뺨에 닿았다. 큰 숨이 절로 쉬어졌다. '좀 걷고 올까?' 이제 막 잠든 아이들은 최소 두 시간은 깨지 않고 잘 테니 더도 말고 덜도 말고 아파트 단지 딱 한 바퀴만 걷고 싶었다. 야심한 시각이라 보는 눈도 없을 테니 입고 있는 옷 그대로에 슬리퍼를 신었다. 두근거리는 마음으로 현관문을 소리 나지 않게 열고, 몸을 밖으로 빼낸 뒤 조용히 문을 닫았다. 현관문에 조용히 귀를 대고 속으로 50까지 천천히 세었다. 집 안은 조용했다. 가슴을 쓸어내리며 까치발로 계단을 내려갔다. 공동 현관문이 열리고 발끝으로 보도블록을 내딛자 입꼬리가 절로 올라갔다.

그날 이후로 나만의 비밀스러운 달밤 산책이 시작됐다. 캄캄한 밤이라도 곳곳에 CCTV가 설치되어 있어 무섭지 않았다. 아이들 손을 잡고 걸을 때는 느끼지 못했던 감흥이 일었다. 달을 스쳐가는 구름, 이제 막 봉오리가 맺히기 시작한 꽃, 어제보다 조금 더 자란 담쟁이넝쿨까지. '혼자'라는 필터링을 씌운 세상은 아름답기 그지없었다. 단지 한 바퀴를 도는 데 10분이면 충분했다. 하루에 딱 10분, 그만큼만 걸어도 힘이 솟았다. 힘차게 뛰는 심장 박동으로 건강하게 살아 있는 내 몸을 느꼈다. 숙면은 덤이었다.

출근하는 날에는 아이들보다 일찍 일어나 10분 걷기를 시작했다. 새벽 기상이 익숙해지니 컨디션이 좋은 날에는 30분도 걸었다. 10분이든 30분이든 일단 집 밖을 나가 걷는 행위만으로도 하루의 시작이

상쾌했다. 머릿속을 가득 메운 걱정은 하늘을 보면 흩어졌고, 꽉 막힌 문제는 걷는 동안 풀어졌다. 살짝 땀이 밴 몸으로 집에 들어오면, 거실 바닥과 맞붙는 발바닥에 날개가 붙은 듯했다. 다리가 가벼우니 아침 식사를 준비하며 콧노래가 나왔다. 엄마의 상쾌한 기분은 아이에게도 전달되었다. 아직 잠든 아이 곁으로 다가가 "10분 뒤에 일어날 시간이야~" 하며 입 맞추고 아이가 좋아하는 노래를 틀었다.

예전의 나는 걷기를 운동에 끼워주지 않았다. 헬스장에서 한 시간은 걷거나 근력운동을 해줘야 운동 좀 한 거라 생각했다. 그렇게 할 수 없다면 차라리 하지 않는 편이 낫다며 소소한 걷기를 무시했다. 그랬던 내가 우연한 기회에 '걷기'를 시작하면서 운동을 대하는 마음이 완전히 달라졌다. 짧은 시간만 걸어도 몸에 생기가 돌았다. 손발이 붓지 않고 잠도 잘 잤다. 격하게 움직이지 않으니 피곤하지도 않았다. 하루 10분만 걸어도 내 몸을 챙기기에 충분했다.

건강한 몸에 건강한 정신이 깃든다

몸이 힘든 건 굳은 의지로 이겨낼 수 있다고 착각하며 아이를 키웠다. 양육 지식을 몰라서 육아가 버거우니 육아책을 한 장이라도 더 펼쳐 읽으려고 노력했다. 스트레스가 심해서 몸이 삐걱거리면 바닥에 드러누워 숨쉬기 운동을 실천했다. 이를 악물고 내 몸을 돌보지 않다가 우울해지면 무심한 남편이나 예민한 나를 탓했다. 건강을 위해 몸을 움직여야 한다는 사실을 알았지만 '운동은 제대로 해야 하는 거창한 것'이라는 잘못된 고정관념으로 회피해버렸다.

독일의 철학자 니체Friedrich Nietzsche는 이성보다 신체성을 강조했다. "건강한 몸에 건강한 정신이 깃든다"라는 서양의 격언대로, 건강한 사고를 하려면 먼저 몸을 움직이라는 의도다. 니체가 옳다. 그의 말처럼 신체와 정신은 함께 움직인다. 나는 우연히 시작한 달밤의 새벽 산책으로 딱딱하게 굳은 승모근을 풀었고, 온몸을 억누르던 우울감을 떨쳐냈다. 혈액순환이 잘되자 머릿속이 맑아졌다. 꽉 차 있던 생각이 비워지자 몸을 움직이기가 한결 수월해졌다. 잡기 놀이를 하자며 뛰어오는 아이들이 더 이상 무섭지 않았다. 아이들도 몸과 마음이 가벼운 엄마를 반겼다. 짧은 산책으로 숙면을 청하니 아이에게 화도 덜 냈다. 신체와 정신의 선순환이 이뤄졌다.

이 글을 읽고 "걷기가 좋다는 건 알겠는데 진짜 걸을 시간이 없어요"라고 말하는 분이 있을 수 있다. 그럼 설거지하다가 살짝 제자리 걸음을 해보자. 집 안을 다닐 땐 정수리부터 발뒤꿈치까지 몸을 쭉 늘이며 걸어보자. 이것도 몸에 걷기의 감각을 불어넣는 적극적인 행위다. 관성은 놀랍다. 일단 몸을 움직이면 그다음 움직이는 건 좀 쉬워진다. 일상의 틈에 걷기의 느낌을 채우다 보면 1분이라는 짧은 시간에도 몸에 활력을 불어넣을 수 있다. 사람의 기운을 북돋는 운동은 절대적인 양보다 즐기는 태도가 더 중요하니까.

나도 내가 좋아하는 거 하고 싶다

출산 후 몇 년의 시간 동안 타인을 돌보는 생활을 지속하다 보니, 내가 하고 싶은 일을 미루는 게 습관이 되었다. 육아, 살림, 재테크와 관련 없는 오직 나의 즐거움을 위한 일을 하려고 하면 가족들에게 미안했다. 그래서 책을 골라도 가정에 보탬이 될 만한 내용으로, 유튜브를 보아도 유용한 정보가 담긴 강의로 골랐다. 별다른 목적 없이 '그냥' 읽고 싶은 책이나 동영상은 장바구니나 나중에 볼 영상 목록에 담아두기만 했다.

그렇게 하고 싶은 일들을 참다가 한 달에 하루는 고삐 풀린 망아지가 되었다. 남편에게 "나 내일 좀 쉴게"라는 한마디를 남겨놓고 드라마 한 작품을 처음부터 완결까지 밤을 새워가며 보았다. 그것도 찬찬히 보기에는 시간이 아까워서 줄거리 요약본과 클립 영상을 함께 돌려 보며 스토리를 파악했다. 16부작 드라마를 여덟 시간 만에 완주하고 나면 머릿속이 새하얘졌다. 이윽고 서서히 동이 트면 핸드폰을 내려놓고 실신하듯 잠에 빠져들었다. 이게 내가 나에게 허락한 유일한 오락이었다.

킬링 타임killing time이 곧 힐링 타임healing time

어느 날, 아이들과 동네 작은 도서관에 갔다. 평소에 보지 않았던 초등문고 책장에 눈길이 갔다. "빨강 머리 앤, 소공녀 세라, 플랜더스의 개, 키다리 아저씨, 걸리버 여행기…." 책의 제목을 작게 소리내 읽는데 입꼬리가 실룩샐룩 움직였다. 제목만 봐도 웃음이 나오는 재미난 세계문학을 작은 도서관에서 만날 줄이야! 두근거리는 심장을 진정시키며 《소공녀 세라》(프랜시스 호지슨 버넷 저, 시공주니어)를 대출하여 집으로 돌아왔다. 그날 밤, 난 세라 이야기에 흠뻑 빠져들었다. 그림을 그리자는 아이들 옆에 앉아 공주 드레스를 그리면서 곁눈질로 내 책을 읽었다. 세계문학이 이렇게 재밌을 줄이야! 기운 넘치는 해피엔딩까지 확인하고 책의 마지막 페이지를 덮으니 어느새 아이들을 재울 시간이었다. 입가에 미소를 머금고 침대에 누워 아이들과 잠자리 독서를 시작했다.

그날부터 나의 세계문학 나들이가 시작되었다. 작은 도서관에 있는 전집을 몽땅 빌려 읽어보았다. 재밌는 책을 향한 갈증이 쉬이 해소되지 않아 전자책 서비스도 신청하여 익숙한 제목의 고전소설을 찾아 읽었다. 육아 정보도, 재테크 정보도 없는 유쾌한 소설들을 읽으면 읽을수록 재미가 붙었다. 알프스 산맥에서 뛰어놀고, 런던의 여학교를 다니는 나를 상상하며 건강한 일탈을 누렸다. 놀랍게도 세계문학을 읽은 그달에 난 고삐 풀린 망아지가 되지 않았다. 몰아치듯 오락에 빠져들고 싶지 않았다. 읽고 싶었던 소설을 평소 조금씩 다 읽어버리니 오락의 욕구가 저절로 채워진 것이다.

다음 달이 되자 다시 답답함이 몰려왔다. 이번에는 글자도 눈에 들어오지 않았다. 때마침 한 유튜브 채널에서 몇 년 전에 한창 좋아했던 드라마를 이틀에 한 편씩 업로드 하기 시작했다. 다음 회가 궁금해도 업로드 하지 않으니 볼 수가 없었다. 다른 동영상을 찾아보아도 줄거리를 파악할 만큼의 영상이 아니라 밤새워 보고 싶어도 볼 수가 없었다. 별수 없이 이틀에 한 번 올라오는 25분 남짓한 영상을 몇 달 동안 찬찬히 보았다. 영상이 올라오면 아이들이 잘 때까지 기다리기 힘들어 싱크대에 핸드폰을 올려두고 저녁을 준비하며 봤다. 아끼는 사탕 먹듯 야금야금 시청하는 즐거움이라니! 좀 감질나긴 했지만 몇 달 동안 이틀에 한 번 30분을 소비하는 것만으로 나의 오락 욕구가 채워졌다.

나는 세계문학 읽기와 드라마 시청을 계기로 '킬링 타임'의 소중함을 알게 됐다. 이전까지는 "더 중요한 일에 시간을 사용해야지"라며 킬링 타임을 비합리적으로 낭비하는 시간이라 생각했다. 그래 놓고 억눌린 오락의 욕구가 튀어나오면 나의 모든 에너지를 소멸시킬 기세로 오락에 빠져들었다. 다음 날 일어나서는 "내가 또 절제하지 못했어"라며 후회까지 했다. 하지만 나의 오락 욕구를 충족시켜주는 킬링 타임 덕분에 팽팽하게 당겨진 일상의 긴장감을 억지로라도 놓을 수 있었다. 오직 나만을 위한 재미가 충만한 킬링 타임은 내 머릿속에서 쉬지 않고 돌아가는 육아와 살림 회로를 멈추게 해주었다.

게다가 한 달간의 허기를 허겁지겁 채우지 않고, 매일의 출출함을 조금씩 채워가니 적절한 일상의 리듬을 유지하는 데 도움 됐다. 킬링 타임이 곧 힐링 타임이었다. 돌봄 노동으로 지친 몸과 마음을 어떻게 돌봐야 할지 모르겠을 때 단순한 재미로 생기를 되찾아주는 힐링 타임!

엄마의 재미를 찾아라

"엄마가 행복해야 아이도 행복하다"라고들 말한다. 이런 이야기를 들을 때마다 "대체 어떻게 해야 행복해질 수 있지?" 하고 의문이 들었다. 행복이라는 추상적인 말이 피부로 와닿지 않았다. 행복하기 위한 조건은 한두 개가 아니다. 건강, 돈, 성취감, 만족감 등 당장 떠오르는 이 항목들이 채워질 때까지 기다려도 족히 몇 년은 걸린다.

난 이 말을 '엄마가 재밌으면 아이도 즐겁다'로 바꾸어 표현하고 싶다. '재미'는 '행복'보다 접근하기가 쉽다. 내가 하고 싶었던 일을 하나씩 하기만 해도 일상에 재미가 더해진다. 재미를 느끼기 위해 시도해볼 만한 간단한 일들이 꽤 많다. 재밌는 드라마 보기, 만화책 보며 아이스크림 먹기, 멋진 풍경 사진 찍기, 먹음직스러운 음식 만들기, 신나는 노래 듣기 등등. 혼자 해도 좋지만 아이와 함께라도 얼마든지 할 수 있는 활동이다. 아이의 즐거움도 관찰하기 쉽다. 활짝 웃는 아이, 놀이에 푹 빠진 아이, 경쾌하게 걷는 아이처럼 아이가 느끼는 즐거움은 나에게도 쉽게 전달된다.

내가 기분 좋게 뭔가를 하니 두 아이도 편안하게 자기 일에 빠져들었다. 각자 좋아하는 일에 몰두하다가 아이들이 엄마가 필요할 때 찾으면 "응, 그래~" 하고 아이들과 함께했다. 그러다가 다시 아이와 나는 각자의 일에 몰입했다. 물론 그 시간이 객관적으로 짧을 때도 있었지만, 혼자만의 유쾌한 시간을 방해하는 요소는 아이가 아니라 내 생각, 내 기분일 때가 더 많았다.

내가 재밌고, 내가 즐겁고, 내가 행복하려면 오롯이 나를 위한 시간도 필요하다. 그러기 위해, 혼자 남은 거실에 잡동사니가 널브러져 있어도 발로 밀어버리자. 육아 걱정, 집안일 생각, 회사 일은 탈탈 털어버리고 '오직 하나뿐인 나만을 위해' 행동하자. 지금 나에게 시간이 필요하다면 남편, 친정, 시댁, 아이돌봄서비스 등 도움받을 수 있는 여러 곳에 도움을 청하자. 한 아이를 키우는 데 온 마을이 필요하다는 옛말도 있는데, 나 혼자 아등바등하며 키우려 너무 애쓰지 말자. 당장 도움받을 상황이 안 된다면, 집안일을 생존에 필요한 만큼 최소로 줄이고, 아이에게 좋다는 각종 활동들을 혁신적으로 줄여보자. 그렇게만 해도 숨통이 조금 트이고, 나를 위한 10분의 짬이 난다. 아이를 위해 나의 모든 시간을 사용하지 말고, 나를 위한 즐거운 행동을 하나씩 늘려가자. 그 숨구멍 덕분에 일상이 조금 더 순적하게 흘러간다.

“그냥 흘러가는 시간이 아까워”

“어쩜 이렇게 사랑스럽지~” 아기 침대에 누워 꼬물거리는 두 아이를 핸드폰 카메라에 담았다. 어제보다 오늘 더 자라는 아이의 폭풍 성장을 어딘가에 박제하여 남기고 싶었다. 쌓여가는 핸드폰 속 사진을 어떻게 보관하면 좋을지 고민하던 찰나, ‘100일 일기’를 알게 됐다. 100일 동안 빠짐없이 일기를 쓰면 무료로 앨범을 만들어주는 앱이다. 나는 평생 동안 일기를 꾸준히 써본 적이 없다. 그런 내가 두 딸이 옹알거리는 모습이 귀여워 매일 사진을 찍어 첨부하고 ‘오늘 첫 뒤집기 성공!’ 같은 간단한 문장을 남겼다. 어느덧 100일 완성 앨범을 세 권이나 만들고 나니 간단하게 하루를 기록하는 것이 습관이 되었다.

매일의 기록을 간단하게 남기는 일기는 낯설지만 따뜻한 경험이었다. 초등학생 때 억지로 써야 하는 일기는 괴로움의 연속이었는데,

흘러가는 시간이 아까워 자발적으로 쓰는 일기는 행복의 연속이었다. 하지만 앨범으로 계속 만들자니 책장에 앨범을 꽂을 자리가 부족했다. 앱도 앨범을 만드는 용도가 아니라면 자주 사용하지 않았다. 그래서 내가 관리하기 편하고 자주 사용하는 네이버 블로그에 매일 양육 기록을 남기기 시작했다. 제목에는 날짜를 적고, 본문에는 사진을 올리거나 그날 있었던 일을 짤막한 글로 남겼다. PC가 아니라 모바일로 간략히 남겼기에 세 문장으로 끝나는 게시물도 있었다.

양육 기록이 습관이 되니 독서 기록도 남기고 싶어졌다. 노트를 만들어 수기로 쓰는 것은 부담스럽고, 사진으로 찍어 보관하자니 양이 너무 많았다. 그렇다고 아무 기록도 남기지 않으면 읽은 내용이 휘발되는 것 같아 아쉬웠다. 블로그에 마음에 남는 구절이나 느낀 점을 간단하게 남겨두면 언제든 다시 찾아보기가 쉬울 것 같았다. 처음에는 책 한 권을 다 읽은 후 기록을 남겨야 하는 게 아닌가 싶었지만, 어디까지나 날 위한 기록이니 읽은 만큼만 그 단상을 짤막하게 남기기로 마음먹었다. 책 제목을 적고 본문에는 마음에 와닿은 구절이나 생각을 마구 적었다. 사진도 없고 해시태그도 제대로 달지 않은, 오로지 나만을 위한 독서 기록이다.

블로그에 양육과 독서 기록을 남긴 건 순전히 나의 만족이었다. 상단 노출이나 조회수를 노리고 쓰는 글이 아니라(그때는 이런 용어조차 몰랐다) 그저 흘러가는 시간이 아까워 남기는 기록이었기에 형식의 부담 없이 편히 쓸 수 있었다.

기록이 쌓이니 좋은 점이 꽤 많았다. 우선 내 아이를 더욱 자세하게 파악할 수 있었다. '아이가 생활 동화를 좋아한다, 아이가 역할놀이를 시작했다'는 발달 모습을 기록으로 남기니, 몇 달 전의 육아 일기를 읽어보면 "그땐 그랬지" 하며 지나온 시간이 떠올랐다. 육아책에서 배운 발달 이론을 떠올리며 내 아이가 성장 단계의 어디쯤을 거치고 있는지 관찰할 수 있었다. 동시에 나의 양육 태도를 객관적으로 관찰할 수 있었다. '아이가 뜻대로 되지 않아 울었다, 아이가 원하는 게 뭔지 고민했다'와 같이 내가 아이를 어떻게 대하는지도 남겼다. 부끄러워 지워버리고 싶은 내용도 있었지만, 솔직하게 적다 보면 "내 마음도 속상했구나, 그래도 이런 행동은 조심해야지" 하는 객관화가 이루어졌다. 나아가 육아 일상을 더욱 충실하게 채우고 싶다는 의욕이 생겼다. 오늘 일과와 내일의 다짐을 적으니 쓰기 위해서 행동을 조심하는 경우도 있었다. 답답한 마음에 아이에게 고함을 지르고 싶어도 "나중에 애 재우고 후회하며 일기 쓰지 말자" 하며 화를 참았다. 또 "다음에는 이렇게 행동해야겠다"라며 건설적인 행동도 약속했다.

독서 기록 또한 쓸모 있었다. 어떤 책이든 읽고 나면 실천 사항을 꼭 한 가지는 남겼다. 읽기만 하고 일상에 접목하지 않으면 나중에는 '내가 이 책을 읽었던가' 하고 헷갈렸는데, 이렇게 하자 책을 읽은 시간이 아깝지 않았다. 또한 읽은 내용을 내 것으로 소화하여 새로운 문장으로 표현하면서 점점 나의 사고가 확장되었다. 책을 통해 깨달은 나의 고정관념을 글로 쓰며 인식을 전환할 수 있었다. 책의 느낌을 글로 적다 보면 격한 감정이 북받치기도 했는데, 이는 묵혀둔 감정을 해소하여 내면을 치유하는 효과도 있었다.

글쓰기를 통해 나를 제삼자의 시선으로 바라볼 수 있었다. 나만의 고집스러운 생각으로 똘똘 뭉쳐 있다가, 흰 여백에 단어의 실타래를 풀어가면 어느새 '상황에 함몰된 나'가 드러났다. '글을 쓰고 있는 나'와 '글 속의 나'가 분리되어 다른 사람의 글을 읽듯 글 속의 나를 관찰할 수 있었다. 아이의 관심사와 커가는 모습도 현재만이 아니라 과거와 미래를 함께 엮어 이해할 수 있었다. 지금 내 아이에게 필요한 도움은 무엇인지, 엄마로서 어떤 것을 미리 준비해두어야 할지도 더 넓은 시야에서 찾을 수 있었다.

아이들도 뜻밖의 변화를 보였다. 엄마가 틈만 나면 무언가를 쓰니 아이들도 틈만 나면 무언가를 썼다. 글자를 모를 때는 글자처럼 지렁이를 그려놓고 소리 내어 읽더니, 글자를 조금씩 쓰는 다섯 살이 되자 단어를 쓰고 나름의 책을 만들었다. 지금도 두 딸은 글쓰기를 자기표현의 수단으로 거리낌 없이 사용한다.

요즘 나는 일상의 많은 부분을 기록으로 남긴다. 기상 시각, 인상 깊게 읽은 책 속 구절, 운동한 내용, 명상 후 기분, 유익한 신문 기사, 체크카드 사용 내역까지 누구도 궁금해하지 않을 나의 일상을 짤막한 단어로 남기고, 주간 기록으로 만든다. 그 내용과 방법은 산발적이다. 블로그에는 일상(육아, 독서, 아침 루틴), 브런치에는 상념, 유튜브에는 하고 싶은 말, 인스타에는 읽은 책 소개, 단체 채팅방에는 새벽 기상 인증, 공책에는 나 혼자 간직하고 싶은 비밀을 적는다. 쓸 말도 많고 할 말도 많지만, 그 말을 들어주길 바라는 대상도 모두 다르다. (새벽 기상 인증방에 한밤의 감성을 풀어낼 순 없지 않은가?) 나의 몸은 집과 직장을 떠나기가 어렵지만, 각각의 공간으로 들어가면 마음 맞는 사람들과 다양한 소통을 할 수 있다.

기록하는 이유는 다양하다. 해냈다는 보람, 도전하겠다는 공언公言, 해보자는 의지, 속상하다는 외침, 괜찮다는 위로, 즐겁고 기쁜 마음까지. 기록하지 않으면 아무것도 하지 않은 듯한 하루인데, 기록으로 남기면 다채로운 하루하루가 된다. 흘러가는 순간을 세 단어 조합으로만 기록해도 한 달이 지나고 일 년이 쌓이면 내가 걸어온 자취가 길이 되어 있다.

나는 기록이 재밌다. 쌍둥이 두 딸을 키우며 삼시세끼 차리기만 해도 금방 지나가는 하루에 "내가 뭘 했나" 하고 한숨이 나왔는데, 30초를 들여 기록으로 남기니 "오, 이 와중에 계란말이 했어!"라며 칭찬할 수 있다. 유유히 흘러가는 시간에 '기록'이라는 마크를 찍으니 감사와 자기 격려가 절로 나온다. 어떤 기록은 분풀이만 잔뜩 늘어놓은 것 같아 얼굴이 붉어지기도 하지만, 그 시간의 가치를 발견해내는 다음 기록을 보면 스스로가 대견하다. 어떤 방법이든 좋다. 연필과 종이, 핸드폰, 컴퓨터, 영상 등 나에게 맞는 방법을 찾아 오직 나만을 위한 기록을 시작해보자. 유유히 흘러가는 시간 속에 숨은 의미를 찾을 수 있을 것이다.

저는 좋지 않은 일이 벌어지면 모진 말로 자책하거나, 저와 다르게 행동하는 남편을 비난했어요. 건강한 마음과 관계 형성을 위해 고쳐야 하는 태도였지요. 아이들에게 내 탓, 남 탓으로 시간을 허비하지 않고, 지혜롭게 상황을 해결하는 성숙한 어른으로 본보기가 되고 싶었어요.

저는 '탓하는 병'을 고치기 위해 임상심리학자 앨버트 엘리스Albert Ellis의 합리적 정서 행동 치료Rational Emotive Behavior Therapy를 활용했어요. 엘리스는 "사람은 객관적인 사실이 아니라 사실에 대한 자기 생각 때문에 정서적 반응을 보인다"라고 말했어요. 불쾌한 정서는 "~하게 하다니 큰일이군, ~하게 하다니 난 정말 형편없는 인간이야"처럼 극단적이고 경직된 사고방식에서 비롯돼요. 불쾌한 정서를 유발하는 '비합리적 신념'을 상황에 적절한 정서를 불러일으키는 '합리적 신념'으로 전환하는 작업은 성숙한 인생을 살아가는 데 도움 된답니다. 비합리적 신념을 합리적 신념으로 바꾸는 저만의 셀프 치유 다섯 단계를 소개할게요.

먼저, 내 감정이 격해지는 상황을 생각해봅니다. 예를 들어 '난 피곤한 저녁 시간에 너무 화가 나'라고 떠올려보는 거예요. 괜찮다고 참기만 하면 억눌린 감정은 결국 엉뚱한 상황에서 작은 자극으로 폭발해버려요. 아무도 없는 곳에서 나의 감정을 상기해봅니다.

두 번째, 글이나 말로 상황을 표현합니다. “나는 정리하느라 바쁜데 남편은 누워서 쉬고 있어. 애들은 장난감 찾아달라고 나만 불러. 왜 나만 바쁜 거야?” 흰 종이에 가감 없이 쓰거나, 누군가가 앞에 있다고 생각하고 하고 싶은 말을 몽땅 내뱉습니다. 속에 묵혀 있는 말을 문장이나 소리로 끄집어내는 과정이랍니다.

세 번째, 불편한 감정을 일으키는 비합리적 신념을 찾아냅니다. “남편도 애들도 모두 날 하인 부리듯 대한다고!”

네 번째, 찾아낸 비합리적 신념에 다시 질문합니다. “힘들 때는 참지 말고 구체적으로 요청하라”는 정보를 바탕으로 자문자답합니다. “내가 남편과 아이들에게 도와달라고 요청했던가? 아니, 내가 한 말은 비난이었지.” “나는 왜 내가 해야만 한다고 생각했지? 그래야 내가 좋은 엄마, 좋은 아내가 될 수 있으니까.” “모든 것을 다 하는 사람이 좋은 사람인가? 그건 아니지.” 이렇게 질문과 답을 이어가다 보면 비합리적 신념에 따라 행동했던 과거가 떠오르고, 부정적인 감정이 되살아나기도 해요. 이 감정까지도 거부하지 않고 바라보며 “내가 그래서 힘들었구나” 하고 수용합니다. 비합리적 신념으로 살며 힘들었던 과거를 애도하는 치유의 과정이랍니다.

다섯 번째, 합리적인 신념을 마음에 굳게 세웁니다. 감정을 억누르지 않고 밖으로 내보내주면 새로운 생각이 들어갈 자리가 생겨요. “쉬고 싶을 땐 쉬자"라고 문장을 적어 빈 벽에 붙이고 수시로 읽습니다. 비슷한 비합리적 신념이 떠오를 때마다 합리적 신념으로 생각을 전환하는 거예요. 생각이 바뀌면 정서 반응도 변할 테니까요. 조금 더 유연하고 편안한 방향으로 나를 이끌어가는 과정입니다.

저만의 셀프 치유 다섯 단계는 제가 상황을 주도적으로 바라보는 힘을 되찾아주었습니다. 우리는 스스로 많은 짐을 짊어지고 있어요. 나를 둘러싼 비합리적인 신념들을 찬찬히 들여다봐요. 자기 돌봄, 명상, 치유의 글쓰기 무엇이든 좋아요. 사회가, 타인이, 어쩌면 스스로 채운 '이렇게 해야 한다'의 족쇄를 풀고, '그냥 나'로 살아가는 우리가 되길 응원해요. 당신의 오늘이 어제보다 조금 더 편안하기를 바랍니다.

에필로그

내 아이를 보면서 키우겠습니다

책은 끝났지만, 저의 양육 이야기는 다시 시작입니다. 여섯 살이 될 두 딸이 건강한 독립을 할 때까지 저는 양육 공부를 놓지 않을 작정입니다. 내 아이를 잘 키우기 위해서가 아니라, 내 아이를 있는 그대로 보기 위해 노력할 것입니다.

육아의 정답은 바깥으로 향하는 부모의 시선을 내 아이에게로 돌리는 데 있습니다. 내 아이를 제대로 알아갈수록 내 아이와 나에게 맞는 답이 만들어집니다. 주변과 조금 다르더라도 내 아이와 함께 만들어간 그 답이 지금 우리에겐 최선이고 최고입니다. 이제 그 답을 내 아이와 나의 성장 속도에 따라 조금씩 변화시키면 됩니다. 저의 이야기가 스스로를 돌보며 내 아이를 있는 그대로 보기 위해 노력하는 많은 양육자에게 힘이 되기를 바랍니다.

이 책이 만들어지는 처음과 끝을 함께한 장진영 편집자와 봄름출판사에 깊이 감사합니다. 이 책을 읽으며 자신만의 양육 이야기를 만들어갈 육아 동지들의 행운을 빕니다. 마지막으로 책 한 권이 완성되기까지 함께해준 사랑하는 두 딸과 남편에게 사랑을 전합니다.

내 아이를 있는 그대로 보는 연습

2023년 1월 31일 초판 1쇄 발행
2023년 2월 6일 초판 2쇄 발행

지 은 이 | 조미란
펴 낸 이 | 서장혁
책임편집 | 장진영
디 자 인 | 페이지엔 김민영
마 케 팅 | 윤정아, 최은성

펴 낸 곳 | 토마토출판사
주 소 | 서울특별시 마포구 양화로161 케이스퀘어 727호
T E L | 1544-5383
홈페이지 | www.tomato4u.com
E-mail | edit@tomato4u.com
등 록 | 2012.1.11.
I S B N | 979-11-92603-05-6 (13590)